EXPÉRIENCES
AGRICOLES

DU

SEMOIR-HUGUES,

FAITES SUR DIFFÉRENS POINTS

DE LA FRANCE,

EN SEPTEMBRE, OCTOBRE ET NOVEMBRE 1832.

A BORDEAUX,
DE L'IMPRIMERIE DE LAVIGNE JEUNE,
FOSSÉS DE L'INTENDANCE, N.° 15.

1833.

EXPÉRIENCES

AGRICOLES

DU SEMOIR-HUGUES,

FAITES

SUR DIFFÉRENS POINTS DE LA FRANCE,

EN SEPTEMBRE, OCTOBRE ET NOVEMBRE 1832.

DANS la circulaire du 19 Août dernier, que j'adressai à mes confrères les agriculteurs de France, au moment où j'allais entreprendre mon voyage expérimental, je rappelais un passage de l'une de mes lettres à M. Mathieu de Dombasle, où je lui disais :

« En semant sur les divers points de la France des champs de » toute espèce; en plaçant, sous les yeux de tous, les résultats de » mon nouveau système de culture, je fournirai à chacun le moyen » de former son opinion, qui sera d'autant mieux assise, que l'expé- » rience et des faits seuls lui auront servi de base; et ce ne sera qu'a- » près toutes ces expériences, qu'après que toute la France pourra » dire *j'ai vu*, que je me *déciderai* à livrer mes instrumens aux » agriculteurs qui me manifesteront le désir d'en faire usage.

» Par ce moyen que je crois nouveau, mais sûr, toute pensée » d'exagération, tout soupçon de spéculation privée, toutes ces idées » enfin que réveillent le souvenir d'une foule de nouvelles inventions » qui n'ont pas répondu à l'attente qu'elles avaient fait naître, s'é- » vanouiront; et de deux choses l'une : ou mes instrumens devront » être adoptés, et alors seulement je les livrerai; ou je me serai fait » illusion à moi-même sur leurs résultats; et dans ce cas, il n'y aura » que moi qui en *souffrirai* par la perte du capital que j'aurai con- » sacré à faire mes expériences ».

Ces expériences viennent d'être faites. On jugera de leur importance par les rapports auxquels elles ont donné lieu. Les faits ont une puissance telle que tout commentaire, toute réflexion de ma part deviennent inutiles; toutefois il est pour mon cœur un devoir sacré à remplir, celui de signaler à la reconnaissance publique l'empressement, le zèle vraiment philantropique avec lequel j'ai été accueilli dans toute la France par les hommes honorables qui m'avaient été désignés par la Société des progrès agricoles, qui, par son généreux concours, empreint du plus noble désintéressement, a su la première aplanir les difficultés qu'une pareille entreprise devait naturellement rencontrer, et a transformé un voyage long et pénible en une succession non interrompue de surprises agréables et de douces émotions (1).

Je signalerai également à la gratitude de tous les gens de bien la conduite noble et consciencieuse qu'a tenue à mon égard M. le comte de Preissac, préfet du département de la Gironde. Ce digne et respectable magistrat, qui emporte dans sa retraite la haute estime de ses administrés, dont l'éloignement vient d'être le signal de regrets universels dans tout le département, avait su le premier apprécier toute l'importance de ma découverte, et n'avait jamais cessé d'encourager mes efforts, sûr qu'il était de trouver en lui-même la conscience de n'avoir fait que son devoir, et d'avoir été utile à son pays (2).

---

(1) J'ai été à même d'apprécier, dans cette circonstance, l'importance des services que rend chaque jour à la patrie une Société qui réunit dans son sein ce que le France possède d'hommes remarquables par leurs lumières et leur amour du bien public, services qui seraient bien plus grands encore, si les hommes qui, comme moi, se livrent à l'agriculture et désirent avec ardeur la voir rapidement s'avancer dans la voie des améliorations, comprenaient enfin l'avantage qu'il y aurait à former un centre commun où chacun viendrait tour-à-tour puiser de nouvelles lumières, et déposer tout ce que son expérience pratique et ses observations lui auraient fait reconnaître de bon et d'utile. Je ne saurais donc assez les engager à se mettre le plus tôt possible en relation avec la Société des progrès agricoles, dont la direction est établie à Paris, rue Tarane, n.° 10.

(2) En effet, comprenant bien toute l'étendue de ses devoirs comme fonctionnaire public, placé à la tête d'une administration tout-à-la-fois paternelle et protectrice des arts, M. le comte de Preissac voulut d'abord bien s'assurer si mes instrumens aratoires offraient réellement à l'agriculture des avantages qu'on ne pût pas contester. Il nomma, en conséquence, une commission prise parmi les hommes qui, par leur position sociale et leur spécialité en agriculture, exerçaient la plus haute influence dans le département : il assista lui-même à toutes les opérations de cette commission, voulut

Pour plus de régularité, j'ai cru devoir classer les rapports que j'ai reçus jusqu'à ce jour, dans l'ordre où mes expériences ont été faites, en partant de Bordeaux. Quant à ceux qui ne me sont pas encore parvenus, je vois qu'il me sera, quant à présent, impossible de les joindre aux premiers, étant à la veille de mon départ pour le second voyage que j'ai annoncé, ayant pour but d'opérer, avec mon sarcloir, le binage ou sarclage des champs que j'ai ensemencés, et d'effectuer, en même temps, de nouvelles semences printanières avec le semoir qui vient de recevoir d'importantes améliorations, fruits des observations que j'ai recueillies dans le cours de mon premier voyage.

DÉPARTEMENT DE LA CHARENTE.

Lettre de M. le Préfet de la Charente à M. Hugues.

Angoulême, le 22 Janvier 1833.

MONSIEUR,

Suivant le désir exprimé dans votre lettre du 18 courant, j'ai l'honneur de vous adresser une copie du rapport qui m'a été remis par la Société d'agriculture d'Angoulême, sur le semoir de votre invention, dont vous avez fait l'expérience dans cette ville au mois de Septembre dernier.

Je regrette, Monsieur, que le retard apporté dans l'envoi de ce rapport

---

tout voir par ses propres yeux. La réalité des avantages une fois bien constatée, il donna à cette affaire la plus grande publicité possible. D'abord, il fit imprimer le rapport entier de la commission dans sa feuille du Dimanche qui est affichée dans toutes les communes du département, et publia, par la même voie, la détermination que j'avais prise de répéter, à mes frais, mes expériences dans tout le royaume; ensuite, il donna une entière connaissance au gouvernement de tout ce qui était relatif à mon invention, en l'engageant fortement à se convaincre par lui-même, lors de mon passage à Paris, de l'importance de ma découverte. Il ne s'en tint pas là : il adressa aux 86 Préfets, ses collègues, plusieurs exemplaires du rapport de la commission, accompagnés d'une de ses circulaires, où, en leur signalant ma découverte, il les engageait à en donner connaissance à leurs administrés. Enfin, au moment même de son éloignement, il soumettait au conseil général du département l'ensemble des rapports des expériences que je venais de faire dans toute la France, heureux qu'il était de pouvoir justifier le vif intérêt qu'il avait pris et qu'il prenait chaque jour à tout ce qui pouvait contribuer à la prospérité de son pays.

Telle a été la conduite de M. le comte de Preissac dans cette affaire; et c'est parce que je n'ai plus rien à attendre de lui, que je considère comme un devoir de la publier.

ait suspendu le travail que vous vous proposez de livrer à l'impression avant d'entreprendre le voyage que vous nous avez annoncé pour le printemps prochain ; mais la commission chargée de le rédiger avait pensé qu'il valait mieux attendre le résultat de l'expérience, qui ne peut être complet qu'après l'épreuve du sarcloir et la comparaison des deux récoltes.

Recevez, Monsieur, l'assurance de ma considération très-distinguée.

Le Préfet de la Charente,
Signé LARREGUY.

SOCIÉTÉ D'AGRICULTURE, ARTS ET COMMERCE,

DU DÉPARTEMENT DE LA CHARENTE.

Rapport sur le Semoir de M. Hugues.

MESSIEURS,

Depuis long-temps les agronomes instruits avaient fixé leur attention sur les pertes immenses qu'éprouve chaque année l'agriculture, par l'usage habituel de semer les céréales à la volée ; et c'est pour obvier à cette perte incalculable, que beaucoup d'entr'eux ont inventé des moyens plus ou moins ingénieux pour planter ou semer les blés ; mais bientôt il a fallu renoncer aux premiers procédés, parce que les frais d'exploitation n'étaient pas compensés par les résultats. Quelques célèbres agronomes qui dirigent aujourd'hui nos fermes expérimentales, emploient des semoirs plus ou moins variés, qui, jusqu'à ce jour, n'ont cependant pas paru remplir parfaitement le but désiré.

M. Hugues, avocat à la Cour royale de Bordeaux, et propriétaire-cultivateur à Pessac, considérant avec raison l'utilité de la libre circulation de l'air autour des céréales, a inventé un semoir qu'il a désiré faire juger par le plus grand nombre d'agronomes possible, afin que, dans le cas où sa nouvelle méthode offrirait des avantages sous le double rapport de l'économie et de la beauté des grains, il se décidât à le livrer à l'agriculture, sous des réserves particulières. Déjà un rapport lumineux et on ne peut plus favorable, qui a été fait à cette occasion par une commission nommée par arrêté de M. le Préfet de la Gironde, sous la date du 3 Octobre 1831, et composée de MM. Guestier junior, Balguerie-Belle-Isle et Johnston junior, ne laisse rien à désirer sur la confection et sur l'utilité de cet instrument. Ce rapport, Messieurs, doit être inséré dans le plus prochain numéro de vos *Annales*.

Mais l'empressement que vous mettez toujours à saisir tout ce qui peut être avantageux à notre agriculture, vous fit accueillir avec reconnaissance les offres généreuses que vous fit M. Hugues de venir ici ensemencer, sous vos yeux, une certaine étendue de terrain.

Ce fut le 19 Septembre dernier que M. Hugues, passant par notre ville, procéda à l'ensemencement en seigle d'une portion de terre de la contenance de 78 carreaux, ou 12 ares ou perches, qui préalablement avait été préparée par un simple labour à plat, et divisée par planches de sept pieds de large, et de laquelle on avait enlevé tout le chaume de céréale et les racines qu'elle recélait de l'année précédente; mais avant de procéder à cette opération, M. Hugues démontra par quelques expériences préliminaires que son instrument pouvait semer avec une régularité remarquable toute espèce de graine ou de semence, sans rien changer, ajouter ni supprimer à l'extérieur de l'instrument; en sorte qu'il sème à volonté et successivement le froment, la féve, la carotte, le millet, le haricot, le maïs, etc.

Il m'est impossible, Messieurs, de vous faire la description intérieure de cet instrument; mais sa construction extérieure m'a paru simple et très-solide : elle consiste en une caisse surmontée par deux trémies, dans lesquelles on dépose les grains ou semences qu'on veut enfouir. Ces grains sont divisés dans des tuyaux par l'action de la rotation d'une roue placée devant l'appareil, et conduits dans le fond des rayons tracés par des coûtres. Ces tuyaux ont chacun une ouverture qui permet de voir si les grains tombent régulièrement, ou s'il y a obstruction dans leurs conduits.

L'instrument sème ou ne sème pas, à volonté. Ainsi, quoiqu'en action et les trémies pleines de grains, le conducteur n'a qu'à presser un bouton pour le faire semer ou pour arrêter la semence; d'où il résulte un grand avantage pour l'économie de cette semence et la célérité du travail.

L'instrument sème à l'alignement avec une parfaite régularité, et le vent ne peut être un obstacle à l'action du semoir.

Sept coûtres sont placés latéralement et à la distance de six pouces chacun au bas de cet instrument, et sont immédiatement suivis par les tuyaux dont j'ai eu l'honneur de vous parler, et ces derniers, à leur tour, sont également suivis par des chaînes qui, faisant l'effet d'un rateau, couvrent de suite la semence, de manière à ce qu'il ne puisse pas se perdre un seul grain.

Un seul conducteur peut faire fonctionner cet instrument, à l'aide d'un cheval de moyenne force, et cela avec d'autant plus de raison, que cet instrument étant supporté par trois roues, il n'exige pas une force majeure pour être mis en action.

Aussitôt ces expériences préliminaires terminées, M. Hugues s'est transporté sur le champ destiné à être ensemencé; et là, en présence d'un concours nombreux de membres de la Société d'agriculture, parmi lesquels on distinguait M. Larreguy, préfet de la Charente, président honoraire de la société, de fonctionnaires publics et d'agronomes de toutes les classes, il a lui-même ensemencé, au grand étonnement de tous les spectateurs, dans l'espace de vingt minutes, le terrain que j'ai mentionné il y a un instant; et la surprise a été encore plus grande, lorsqu'on a été convaincu que M. Hugues n'avait employé pour cette opération qu'un seizième d'hectolitre de seigle, ou deux huitièmes de boisseau (mesure ancienne d'Angoulême).

Ainsi que vous vous en apercevrez, Messieurs, le semoir de M. Hugues économise non-seulement beaucoup de temps, mais encore les trois quarts de la semence : car, par les procédés ordinairement usités dans cette contrée, il aurait fallu un quart d'hectolitre de seigle, et à-peu-près la journée de deux personnes, avec le concours d'une paire de bœufs.

Nous ne pouvons vous assurer, Messieurs, que cet instrument puisse facilement fonctionner sur toutes les espèces de terrains; nous pensons cependant qu'un terrain fortement argileux, et qui aurait été préalablement préparé par des labours convenables, pourrait être ensemencé à l'aide de cet instrument, et cela en raison du peu de temps qu'il faut pour cette opération. Nul doute que si l'agronome n'épiait pas le moment favorable, qui est celui où la terre s'émiette bien, il ne réussirait pas; mais abstraction faite de cette circonstance, nous pensons, Messieurs, que cet instrument convient dans une infinité de cas, et nous n'hésitons point à dire que M. Hugues rendra, par sa découverte, un service signalé à l'agriculture.

Nous ne pouvons, Messieurs, passer sous silence la belle végétation que présente en ce moment le seigle semé par M. Hugues; je puis vous assurer qu'il est difficile d'en voir de plus beau dans toute l'étendue du département. L'éloignement des rayons, l'isolement pour ainsi dire de chaque pied, et le peu de profondeur de son enfouissement, sont sans doute les causes de sa belle prospérité.

M. Hugues nous a fait espérer qu'il repasserait ici vers la fin du mois de Février prochain, pour sarcler cette pièce de seigle avec un nouvel instrument aussi de son invention. Nous serons exacts, Messieurs, à vous faire connaître ce nouveau sarcloir, ainsi que tous les résultats de cette opération. Nous le pourrons avec d'autant plus de facilité, que des pièces de terre joignant celle qui a servi à cette expérience, et qui sont de même nature de terrain, et à la même exposition, ont été ensemencées avec le même seigle, chaulé de la même manière (1) et à la même époque, par les procédés ordinaires usités dans cette contrée.

Je regrette, Messieurs, que des affaires importantes aient appelé à la capitale M. le rapporteur que votre commission avait désigné pour faire ce rapport. Ses connaissances en agriculture et les renseignemens qu'il désirait recueillir au Conservatoire des arts et métiers à Paris, le mettaient à même de vous rendre un compte plus précis et plus lucide que celui que je viens d'avoir l'honneur de vous exposer; et ce n'est que convaincu de votre bienveillance à mon égard, Messieurs, que je me suis décidé à le remplacer dans ce moment.

Il résulte de l'exposé que je viens d'avoir l'honneur de vous faire, Messieurs, que par l'usage du semoir de M. Hugues, on obtient:

1.° Économie des trois quarts de la semence;

2.° Très-grande économie de temps, et par ce moyen, toute la latitude possible de choisir un jour convenable pour ensemencer les champs, puisqu'un individu peut ensemencer au moins deux hectares de terrain dans un jour;

3.° Que les plantes étant peu enfoncées en terre, prospèrent et tallent avec beaucoup de force, et que pas un seul grain ne se trouve perdu pour l'agriculture;

4.° Enfin, que l'isolement des rayons permet la libre circulation de l'air autour de la plante, et contribue pour beaucoup à sa belle végétation.

Les Commissaires,

DE LATRAVELIADE, LEVALLOIS, GUSTAVE RIVAUD,
et LANDREAU, *Rapporteur*.

---

(1) M. Hugues chaule ses blés avec le sulfate de cuivre, à la dose de quatre onces par hectolitre.

DÉPARTEMENT DE LA VIENNE.

Lettre de M. Hastron à M. Hugues.

Couhé, le 18 Décembre 1832.

MONSIEUR,

J'étais fort impatient de répondre à la lettre aimable que vous m'avez adressée au retour de votre voyage agronomique; mais j'attendais le moment d'avoir vu mes collègues du comice agricole du canton de Couhé, pour convenir avec eux du jour où nous ferions un rapport sur les effets de votre semoir. Ce jour est fixé au dernier dimanche de ce mois. Je me hâterai de vous faire parvenir une expédition de notre rapport; mais dès aujourd'hui je peux vous attester que le blé semé par votre ingénieux instrument a dépassé de bien loin toutes mes espérances : il est aussi vert, aussi tallé, aussi vigoureux que l'est ordinairement le bon blé au mois d'Avril. Il a obtenu, sans exception, l'admiration de tous ceux qui l'ont examiné, et il a déjà commencé la conversion des gens les plus opposés à la propagation des nouvelles méthodes de culture. Le blé semé dans la même pièce au-dessous du vôtre est infiniment moins beau; si votre triomphe est aussi complet dans vos autres stations que chez moi, le succès de votre honorable entreprise est certainement assuré, et, dès votre début, vous aurez fait faire à la science agricole un pas immense qui placera votre nom au rang des bienfaiteurs de l'humanité.

Beaucoup d'agriculteurs distingués de ce département et des départemens voisins m'ont prié instamment de les avertir du jour de votre second passage ici. La réunion sera nombreuse et brillante. M. Boullé, notre excellent préfet, dont vous serez heureux de faire la connaissance, m'assure qu'il ne manquera pas de s'y trouver. Ce sera une petite fête champêtre à l'imitation de celles de Roville. Il est bien important de prévenir tous les accidens qui pourraient retarder votre arrivée ici, dont vous voudrez bien me donner avis au moins quinze jours à l'avance. Il faudrait être rendu à neuf heures du matin, déjeûner avec nous, travailler jusqu'au dîner, et en sortant de table partir pour Poitiers, à moins que vous ne soyiez assez aimable pour accepter un lit à la maison. Dans votre lettre d'avis, il faudra me dire positivement l'heure de votre arrivée et celle de votre départ, pour que je puisse en informer les curieux.

Je vous prie de m'inscrire au nombre de vos souscripteurs pour le semoir et le sarcloir, qui, ainsi que vous me l'avez assuré, doivent coûter au plus 450 fr. ensemble.

Recevez, Monsieur, l'assurance de ma haute considération.

Signé HASTRON,
Notaire et Maire à Couhé.

Rapport du Comice agricole de Couhé.

Aujourd'hui dix-sept Janvier mil huit cent trente-trois,

Le comice agricole du canton de Couhé, arrondissement de Civray, département de la Vienne, a examiné, discuté et approuvé ainsi qu'il suit le rapport fait sur le semoir de M. Hugues.

M. Hugues, avocat à Bordeaux, inventeur d'un nouveau semoir, ayant résolu de parcourir une grande partie de la France pour faire l'expérience de cet instrument, avait réglé, sur la demande qui lui en avait été faite par différens agriculteurs, un itinéraire en exécution duquel il devait arriver dans la commune de Couhé le 20 Septembre 1832.

Le président du comice agricole du canton de Couhé avait donné avis du passage de M. Hugues à tous ses collègues du comice et à différens propriétaires de la contrée. Tous, animés du désir de connaître un instrument utile à l'agriculture, avaient répondu à cette invitation. La réunion était nombreuse. Malheureusement un accident arrivé à Angoulême a retardé d'un jour le voyage de M. Hugues, qui n'est arrivé que le lendemain. Un instant a suffi pour réunir les membres du comice résidant au chef-lieu. Ce sont les seuls qui aient pu assister à la première opération de M. Hugues. L'expérience a été faite; et pour en faire sentir l'importance et l'utilité, il paraît convenable de parler successivement de la forme de l'instrument et des différentes parties qui le composent; de l'ensemencement opéré le 21 Septembre 1832, et de l'état actuel du blé ensemencé.

Forme de l'instrument.

Le semoir de M. Hugues est confectionné avec un soin et une élégance qui pourraient paraître trop recherchés, si la force et la solidité ne se trouvaient pas jointes à ces deux premiers avantages. Il est composé de deux boîtes pour recevoir les graines qui doivent être semées; au fond de chacune de ces boîtes, est un mécanisme fort ingénieux, dont nous ne pouvons donner la description; c'est le secret de l'inventeur. A l'une des boîtes, sont adaptés quatre tuyaux, et à l'autre trois. Ces sept tuyaux descendent au niveau du sol, et sont espacés entr'eux de six pouces. Entre les deux boîtes et un peu en avant, est une seule roue de trente poucesde diamètre; elle sert à faire mouvoir l'instrument qui repose sur cette roue et sur une traverse où viennent aboutir les sept tuyaux; en avant de la roue, sont deux brancards pour atteler le cheval qui doit tirer l'instrument; derrière, sont deux mancherons pour qu'un homme puisse diriger et tourner l'instrument; au-dessous des sept tuyaux, viennent s'emboîter sept coûtres creux qui pénètrent dans la terre, et y déposent la semence au fond de la raie; derrière le coûtre creux, vient une chaîne à double branche, terminée par une bride de fer qui roule sur la terre, et couvre la semence à mesure qu'elle s'échappe du coûtre creux. A chaque extrémité de la traverse horizontale où viennent aboutir les tuyaux, sont deux petites roues en fer qui facilitent la marche de l'instrument.

Expérience du semoir, faite le 21 Septembre 1832.

Avant d'essayer l'instrument dans le terrain destiné à être ensemencé, M. Hugues a désiré le faire manœuvrer sur un terrain uni et ferme pour en faire mieux apprécier tous les effets et faire remarquer surtout l'avantage de substituer une semence très-fine à une graine de grosse dimension. En effet, on a placé successivement dans les boîtes des féverolles, des haricots, des pois ronds, du maïs, du sarrazin, du froment, du colza et autres menues graines.

Au moyen d'un mouvement imprimé au mécanisme intérieur, le semoir a pu verser la graine qui lui a été confiée et l'a répandue dans la proportion convenable pour chaque espèce de graine, en conservant entre les lignes les distances nécessaires pour les différentes espèces. Ainsi, le froment était semé en lignes espacées de six pouces, les haricots en lignes espacées d'un pied, les féverolles et le colza en lignes espacées de dix-huit pouces; en un mot, il suffit d'un petit mouvement à donner au mécanisme intérieur, pour arrêter l'action des tuyaux qui ne sont plus utiles pour l'ensemencement qu'on se propose.

Cette première expérience étant faite et bien observée, on s'est rendu au champ préparé pour recevoir du froment.

Ce champ avait été amendé au printemps précédent pour une récolte de féverolles d'Héligolan; il était distribué en planches de sept pieds de largeur; c'était un terrain calcaire ayant beaucoup de petites pierres mêlées avec la terre végétale, et il faut observer qu'une sécheresse de plus de quatre mois avait rendu la terre dure, de telle manière qu'il avait été impossible de briser convenablement les nombreuses mottes de terre qui se trouvaient à la surface du sol.

L'expérience a parfaitement réussi. Le semoir, en allant et en venant, a semé chaque planche. Le cheval menait lestement et sans aucun effort l'instrument, et la manœuvre était assez prompte pour qu'il ait été facile de reconnaître que le même semoir peut aisément ensemencer deux hectares de terrain.

Il faut bien remarquer que le mécanisme intérieur qui fait verser la semence dans les tuyaux, étant mis en mouvement par la rotation de l'axe de la grande roue, la semence coule plus abondamment quand l'instrument marche plus vîte, en sorte que la même proportion se trouve toujours conservée dans la quantité de la semence déposée dans la terre, quelle que soit la vîtesse ou la lenteur du cheval.

Comme il pourrait arriver quelques circonstances qui pourraient rendre nécessaire d'avancer sans semer, M. Hugues a adapté à sa machine deux morceaux de fer par lesquels on peut arrêter à volonté l'écoulement de la semence par les tuyaux.

Il pourrait arriver aussi que quelques accidens ou quelqu'autre circonstance obligeassent le semeur à rétrograder pour reprendre la direction de ses raies : dans ce cas, il peut, à l'aide des mancherons, enlever la partie postérieure de l'instrument, et l'attirer à soi en le faisant mouvoir sur la grande roue. Alors le semoir cesse de verser la semence tant que la machine est attirée en arrière.

Toutes ces précautions sont bien entendues pour maintenir, dans tous les cas, la même proportion dans la semence.

On doit remarquer que les planches étant toutes de la largeur de sept pieds, et les sept tuyaux formant ensemble une largeur de trois pieds et demi, il est toujours facile de faire les raies droites en suivant la ligne séparative de deux planches voisines.

Etat actuel du blé ensemencé.

Le froment semé par M. Hugues dans la propriété de M. Hastron, notaire à Couhé, était placé, comme on l'a déjà pressenti, dans des circonstances très-défavorables; aussi les personnes qui avaient assisté à l'ensemencement étaient-elles d'avis que, dans le cas où ce blé ne réussirait pas, il ne

(1) Voir les rapports de Seine et Oise, de la Seine inférieure, et autres où il est constaté que l'instrument sème facilement 3 hectares par jour.

faudrait en tirer aucune conséquence contraire à la machine de M. Hugues. Le blé est né péniblement et à des distances inégales, parce que le terrain était plus frais ou plutôt moins desséché dans certaines parties que dans les autres. Il faut ajouter que les lapins sont venus couper les jeunes plantes à mesure de leur naissance, et ont beaucoup nui à sa croissance.

Malgré les inconvéniens qui viennent d'être signalés, ce froment s'est développé sous l'influence des premières pluies. Toute la semence a parfaitement germé et levé. On a remarqué que la semence n'était ni trop claire, ni trop épaisse. Les brins de blé ont tallé de telle manière qu'aujourd'hui les six pouces laissés entre chaque ligne sont entièrement couverts par les feuilles. Ce blé est vert foncé. Chaque talle est forte et bien écartée sur la terre, ce qui est le signe le plus certain de la vigueur du blé.

Il est bien reconnu que le blé semé par M. Hugues dans un terrain qui est loin d'être la qualité première du pays, est cependant le plus beau, le plus avancé et le mieux tallé de la contrée. Ces avantages viennent évidemment de ce que la semence est plus régulièrement distribuée, et de ce que les racines ont plus de jeu et de liberté de chaque côté de la ligne.

Avantages du Semoir de M. Hugues.

Dès aujourd'hui, on peut signaler comme avantages certains résultant de l'emploi de ce semoir :

1.° L'économie des trois quarts de la semence ; ce qui, dans une ferme tant soit peu considérable, est un bénéfice très-important ;

2.° Que le blé étant semé dans des lignes parfaitement droites, le binage, soit à la main, soit par le sarcloir annoncé par M. Hugues, doit être beaucoup plus facile, plus prompt et conséquemment moins coûteux ; or, le sarclage des blés recommandé par les principaux agronomes, est l'opération la plus utile dans la culture des champs ;

3.° La facilité de semer en lignes toute espèce degraines, et d'employer, pour celles qui en sont susceptibles, le sarclage expéditif de la houe à cheval.

Fait à Couhé (Vienne), lesdits jour, mois et an ; et tous les membres présens ont signé au régistre.

Le Président du Comice, Signé HASTRON.

Le Secrétaire du Comice, Signé A. RASSINOUX.

DÉPARTEMENT D'INDRE ET LOIRE.

Lettre de M. Aubry à M. Hugues.

La Borde, le 4 Janvier 1833.

MONSIEUR,

Je suis en retard de vous adresser le procès-verbal que vous m'avez demandé, et que je croyais ne devoir rédiger qu'après que l'effet aurait été constaté d'une manière plus particulière par la saison.

Vous me dites que ce que vous me demandez, c'est la vérité pure ; et je vous crois trop de bonne foi et d'amour de votre pays, et ensemble des progrès de l'art, pour vouloir autre chose. J'ai dit les choses comme je les ai vues et comme je les prévois d'après une longue pratique.

Si ce n'est pas trop présumer de votre complaisance, j'ose espérer que vous voudrez bien compléter l'expérience dans votre nouveau voyage ; et si, ce qui est possible, je m'étais trompé dans mes prévisions pour ce qui regarde la nature particulière de nos terres, j'en serais doublement satisfait.

Veuillez recevoir l'assurance de la haute considération avec laquelle j'ai l'honneur d'être, Monsieur, votre serviteur.

Signé AUBRY.

Rapport à la Société d'agriculture d'Indre et Loire.

MESSIEURS,

J'ai l'honneur de rappeler à votre mémoire que M. Hugues, agronome de Bordeaux, ayant inventé un semoir et un sarcloir, et voulant aller au-devant des méfiances qui accompagnent toute innovation, avait pris la résolution, sans exemple, de se transporter à ses frais dans le plus grand nombre possible d'exploitations de la France, pour faire apprécier par la pratique, sous les yeux mêmes des cultivateurs, la valeur de ses instrumens, qui ont été d'ailleurs le sujet du rapport d'une commission nommée à cet effet par M. le Préfet de la Gironde ; et pour aider vos souvenirs, je joins ici la Feuille du Dimanche dans laquelle il se trouve tout au long, à la date du 26 Août.

Prévenu très-tard de cette disposition de M. Hugues, ma prière de vouloir bien comprendre mon exploitation dans son itinéraire, ne lui est parvenue qu'à la veille de son départ, et ce n'est que le 24 Septembre au soir que j'ai reçu la réponse par laquelle il m'annonçait qu'il serait le 25 (le lendemain) au matin chez moi.

Effectivement, à huit heures il était rendu. Surpris ainsi à l'improviste, je n'ai eu le temps de faire prévenir aucun des agronomes et amateurs que j'aurais voulu rendre témoins de cette expérience ; heureusement j'avais chez moi un de mes honorables collègues, que la généralité de ses lumières rend applicable à chaque spécialité, ses deux fils, élèves de l'Ecole polytechnique, et un agriculteur du deuxième arrondissement. J'y ai appelé les cultivateurs de mon exploitation.

Le semoir a été tiré d'une caisse où il était casé derrière la calèche ; il a été remonté en un instant.

Il se compose de deux caisses parallélogrammes de 40 centimètres environ sur 25 chacune, placées sur un avant-train et d'une espèce d'arrière-train formé de deux mancherons supportés par deux petites roues en métal ; des caisses, descendent sept tubes en fer par lesquels la semence est introduite dans le sol à profondeur voulue. Cette semence est recouverte immédiatement par une chaîne ou espèce de raclet qui suit chaque tube. Le conducteur qui tient les mancherons dirige le cheval et évite les obstacles, en soulevant au besoin l'arrière-train. L'équipage entier ne pèse pas 100 liv. ou 50 kilog., si j'en ai bien jugé.

Conduit, pour première expérience, sur une allée unie et dure comme une aire de grange, afin de pouvoir juger à découvert de la proportion dans laquelle la semence est répandue et de son espacement, le semoir a reçu alternativement du colza, du seigle, du froment et des pois, qui, à notre volonté, ont été semés clairs ou épais.

Pendant ce temps, je faisais préparer à la hâte, par un tour de herse, un espace dans un champ disposé pour les prochaines semailles. Le guéret mis à l'uni, il est resté quelques mottes qu'il nous a fallu ôter; la terre pulvérulente se trouvait dépourvue de la moindre humidité.

Cinq kilogrammes de froment ont été distribués dans les deux caisses, et par un tour d'aller et de venir, ils ont été distribués ou répandus. La superficie couverte a été calculée être de 156 toises carrées.

Les caisses nettoyées du peu de froment qu'elles contenaient encore, ont reçu 5 kilog. de seigle. Cette semence, plus menue, devait suffire à un plus grand espace; mais par une erreur du conducteur dans la régularisation par le mécanisme intérieur, que nous n'avons pas dû chercher à connaître, puisqu'il est la propriété de l'inventeur, la semence se trouvait épuisée à la moitié du retour.

Le soleil vif et ardent nous a fait abréger cette expérience que je me proposais de faire répéter sur un champ de nature différente; M. Hugues nous a quittés à midi, devant, le même jour, se trouver auprès du Mans, pour une semblable opération.

Cette époque du 25 Septembre était encore celle de la semaille du seigle; pour le froment, elle était anticipée d'environ quinze jours.

Cependant, le hâle ayant tenu la terre sèche jusqu'au 6 Octobre, le blé s'y est conservé comme dans un grenier, et ce n'est qu'après la pluie légère du 6, que les grains les plus rapprochés de la surface ont pu commencer la germination qui a paru du 10 au 12.

Toutefois, craignant que les pluies de l'équinoxe ne vinssent enfin, par compensation de la sécheresse, mettre obstacle à nos semailles, je me suis déterminé à les commencer le 8, précisément à côté de celles de l'expérience, qui n'ont été complètement levées que du 15 au 20, après de nouvelles pluies et avec celles faites le 8.

J'ai pu juger alors que la semence de l'expérience était suffisamment garnie dans les raies étroites, et également espacées à six pouces l'une de l'autre; cependant les raies sont un peu sinueuses, quoique j'eusse placé un homme à la bride du cheval, et cela tient à ce que nos chevaux ayant l'habitude d'être attelés par couple à la charrue, tiennent moins la ligne droite lorsqu'ils sont isolés. D'ailleurs le semoir suivait la ligne de la herse, et il eût mieux valu qu'il les eût coupées à angle droit; c'est même une recommandation de M. Hugues de tenir le sol en planches de sept pieds.

Je vais à présent exposer mon avis sur l'effet de ce semoir.

La semence me paraît suffisante, telle qu'elle a été répandue chez moi, pour le froment; or, si 5 kilog. sont assez pour 156 toises carrées, il n'en faudrait qu'environ 5 boisseaux de 18 à 20 demi-kilog. par arpent de 66 ares; nous en mettons de 8 à 10; c'est quatre neuvièmes en plus. Il y aurait donc économie, par le semoir, d'environ 12 fr. par hectare ensemencé.

La semaille en rayons espacés donnera une grande facilité pour le sarclage, qui devient indispensable, et qui est une des conditions du genre de culture de M. Hugues.

Le semoir expédie dans une journée au moins quatre fois autant de semailles que par notre méthode actuelle peut le faire une charrue. Cet avantage n'est pas de peu de valeur dans nos terres, où la crainte des pluies abondantes nous fait anticiper d'une semaine l'époque reconnue la plus favorable pour la réussite de la meilleure récolte, et où nous sommes obligés de la continuer une semaine au-delà, au moyen du nombre limité des attelages nécessaires à l'ensemble de l'exploitation.

Je ne doute pas qu'un petit labour intermédiaire entre les raies, exécuté à l'époque où la plante talle, ne soit très-avantageux à la récolte. Cependant je dois dire que cette méthode, qui est en usage de temps immémorial dans plusieurs de nos provinces, ne m'a pas réussi, soit au moyen de la herse, soit au moyen de la béchette, ainsi que le prescrit M. de Dombasle. Cette dernière façon m'est revenue à 24 fr. l'hectare, au lieu de 8 fr. qu'il indique pour chiffre de sa dépense, et je crois pouvoir assurer que mes ouvriers ne le cèdent ni en intelligence, ni en activité, pour cette besogne, aux siens. J'ai éprouvé que la récolte de froment n'en a pas été améliorée, mais le trèfle que je faisais semer et enterrer par cette opération a mieux réussi que dans le surplus du champ. Nos terres argileuses sont trop peu égouttées à l'époque requise pour le sarclage ou le hersage; la herse marque sa raie graisseuse, et la béchette soulève sa petite motte sans l'émietter.

Avec le semoir et le sarcloir, l'emploi du fumier pailleux est nuisible; les tubes semeurs l'entraîneraient et en seraient sans cesse obstrués (1); il en serait de même pour l'action du sarcloir.

Tout en craignant que nos terres soient trop détrempées, parce qu'alors elles seraient gachées par la charrue, nous regardons comme une condition défavorable qu'elles soient en poussière; le mieux est qu'elles soient ce que nos cultivateurs appellent *tordantes*, ou que la charrue les roule un peu; je crois que dans cet état, le semoir ferait mal ses fonctions, et que la semence ne serait recouverte qu'imparfaitement (2), outre qu'il faudrait augmenter la force du tirage, ce qui serait un inconvénient si le piétinement du sol en cet état devenait un obstacle pour l'action des tubes semeurs.

Ce système de culture exige que le sol soit préparé à plat; et dans les terres dont je parle, une expérience répétée dix fois en trente années, ne m'a laissé aucun doute que ce genre de préparation du sol est désavantageux pour les terres argileuses (3); l'été, le petit chiendent ou éternue, loin de disparaître par les labours de cette sorte, finit par les encombrer. Au printemps, ce terrain à plat ne peut être admissible à la charrue que huit à quinze jours plus tard que celui disposé en planches d'un mètre, et une observation habituelle m'a donné comme constant, que les deux raies latérales de nos sillons, sont celles qui donnent la meilleure récolte comparativement au milieu de la planche, pour les récoltes hivernales. Par ces considérations, je crois que le semoir et le sarcloir ne donnent pas l'espoir de grands avantages pour les terres fortes.

Mais dans les terres perméables, ils en auraient de grands. Ils en auraient surtout dans celles que l'on nomme *chaudes*, où le coquelicot, ponceau ou pavot, vient souvent en Juin détruire l'espoir d'une récolte qui promettait d'être superbe. Ce serait le triomphe du sarcloir, s'il détruisait cette

(1) Voir le rapport de la Meuse, où l'instrument a fonctionné sur un champ qui avait reçu du fumier long.

(2) Voir le rapport fait dans le département du Rhône, où l'instrument a semé à une pluie battante dans un terrain détrempé par plusieurs jours de pluie.

(3) Loin de vouloir un terrain préparé à plat, le nouveau semoir se trouvera beaucoup mieux de planches de 5 pieds.

plante après qu'elle est levée et avant qu'elle puisse nuire par son développement.

Du reste, M. Hugues m'écrit qu'il est de retour (à la mi-Décembre) de sa longue tournée, et que la réussite de ses essais ayant surpassé ses espérances, il va recommencer cette immense excursion patriotique pour appliquer le sarcloir aux champs couverts par le semoir. S'il m'accorde de m'honorer encore de sa visite, je m'empresserai d'y inviter mes collègues et MM. les amateurs, et j'espère qu'il s'en trouvera de la rive gauche de la Loire, qui pourront mettre à profit ce nouveau mode de culture plus particulièrement applicable à la nature de leur sol, et qui, dans tous les cas, voudront au moins en constater l'effet, afin de ne pas laisser notre pays en arrière des améliorations recherchées de toute part dans une partie si importante des richesses de la France.

Tours, ce 4 Janvier 1833.

Signé AUBRY.

DÉPARTEMENT D'EURE ET LOIR.

Lettre de M. le Comte de Bussy à M. Hugues.

Pardon, Monsieur, de vous avoir fait attendre ce petit rapport si longtemps, mais ce n'est qu'hier que j'ai reçu mes notes. J'espère qu'il répondra à vos désirs et qu'il n'arrivera pas trop tard. Je puis vous répondre de son exactitude scrupuleuse. Quand je saurai l'époque où je puis espérer le bonheur de vous voir, je ferai préparer des planches de 3 pieds ½ (1), de façon que le semoir descendra une planche et remontera l'autre, ce qui remédiera à l'inconvénient de voir les deux raies du milieu se rapprocher et se confondre au sommet de la planche, ou quelquefois se trop écarter. Je vais demain à Grignon, et retournerai à Morissure le 5 ou le 6; veuillez m'y adresser vos réponses.

Agréez, je vous prie, Monsieur et cher confrère, l'assurance de ma considération la plus distinguée.

Signé le Comte DE BUSSY.

P. S. Permettez-moi de vous féliciter sur les succès que vous avez obtenus partout avec votre semoir; il finira, je crois, par faire une révolution dans l'agriculture. Si la semence a manqué dans quelques expériences, il vous sera facile de remédier à ce petit inconvénient qui ne me sera prouvé qu'après la récolte. Je crois aussi pouvoir vous indiquer, comme perfectionnement, deux roues au lieu d'une, ce qui rendrait plus solide la position du semoir sur la planche, et l'empêcherait de se détourner aussi facilement de la ligne directe. Nous causerons de cela à notre aise, car [illegible] réclame une couple de jours.

Rapport de l'épreuve faite du semoir de M. Hugues, à Morissure, près Nogent-le-Rotrou (Eure-et-Loir), *le* 28 *Septembre* 1832.

Nous nous sommes transportés dans le champ de réserve, où six plan-

---

(1) Les planches devront être de 5 pieds, d'après la dimension du nouveau semoir.

ches étaient préparées pour recevoir du seigle; elles étaient de la largeur de 7 pieds, afin que le semoir pût descendre et remonter sur la même planche. Le terrain est léger, mais caillouteux et d'assez médiocre qualité; les six planches contiennent ¼ d'hectare. Le temps est très-favorable. M. Hugues dirige lui-même le semoir en commençant, et mes laboureurs prennent tour-à-tour les mancherons; la tâche leur paraît facile.

1.re *Epreuve.*

Le semoir attelé d'un seul cheval et dirigé par deux hommes, a ensemencé trois de ces planches ⅛ d'hectare en 15 minutes, et employé 22 livres de seigle chaussumé, et la terre, après l'opération, s'est trouvée hersée aussi fine que dans un jardin (1).

1.re *Contre-Epreuve.*

Le lendemain, les trois autres planches ⅛ d'hectare ont été ensemencées à la volée, avec 29 livres de seigle, la semence recouverte à la herse, attelée de deux chevaux, dans l'espace de 15 minutes. Par conséquent, il y a eu, par le semoir Hugues, économie de 7 livres, ou près d'un quart de semence, et le travail d'un cheval.

Cette première épreuve terminée, nous sommes passés dans les grassetières, où huit planches étaient préparées pour recevoir du froment; elles contenaient un peu moins d'un quart d'hectare. Ici, la terre est légère, douce et presque sans cailloux, et après l'ensemencement la terre a été réduite presque en poussière.

2.e *Epreuve.*

Le semoir attelé d'un cheval et conduit par deux hommes a terminé l'ensemencement de quatre planches, contenant une perche, moins qu'un huitième d'hectare, en 15 minutes, et employé 17 livres de froment.

2.e *Contre-Epreuve.*

Les quatre planches restantes, ⅛ d'hectare, ont été ensemencées quelques jours plus tard à la volée et recouvertes à la charrue, attelée de deux chevaux; le semeur y a employé 27 livres de froment chaussumé, et le laboureur y a mis une heure 15 minutes; c'est-à-dire, cinq fois plus de temps et 10 livres de plus de semence sur 17 employées avec le semoir.

Rapport de la visite du 25 Janvier.

Le seigle et le froment des épreuves et contre-épreuves ont été examinés avec la plus grande attention. Ils sont aussi beaux et aussi vigoureux les uns que les autres; mais ceux du semoir sont beaucoup moins drus et garnissent moins la terre, ce qui est, jusqu'à présent, la conséquence naturelle de la moindre quantité de semence répandue.

Les plantes bien enracinées et mises à une profondeur régulière, ayant un plus grand espace pour végéter, rempliront-elles en tallant les vides qui paraissent à présent sur la terre? C'est une question qui ne pourra être résolue qu'à la moisson.

Signé le Comte DE BUSSY.

---

(1) Ici le terrain n'avait pas été hersé.

DÉPARTEMENT DE SEINE ET MARNE.

Lettre de M. de Mas, à M. Hugues.

A Farcy, près et par Melun, le 13 Janvier 1833.

MONSIEUR,

M. Dutfoy d'Egrenay a bien voulu me communiquer la lettre que vous lui avez écirte le 16 du mois passé.

Vous n'auriez pas exprimé le désir de recevoir le rapport fait à la société d'agriculture de Melun, au nom de la commission qu'elle avait nommée pour suivre l'expérience que vous avez faite de votre semoir à Egrenay, qu'un double motif de reconnaissance et de convenance lui prescrivait de vous l'adresser.

M. le général comte d'Astorg, son rapporteur, vient de m'en faire l'envoi, et je m'empresse de vous le transmettre.

Tous nos agriculteurs suivent avec intérêt l'expérience que vous avez commencée. Ils désirent vivement voir fonctionner votre sarcloir, et font des vœux pour que la récolte de vos semences réponde aux espérances qu'une méthode si exacte, si régulière, fait concevoir.

Je me réjouis, Monsieur, d'être chargé par la Société d'agriculture de Melun, de vous faire l'envoi du rapport ci-inclus, puisque cette circonstance me fournit l'occasion de vous rappeler le plaisir que j'ai eu de me trouver avec vous à Egrenay, de vous exprimer celui que j'aurai à vous y revoir au printemps, et de vous assurer de la considération très-distinguée avec laquelle, etc.

Signé DE MAS,

Président de la Société d'agriculture de Melun.

Copie de la lettre adressée par M. le général comte d'Astorg à M. le Président de la Société d'agriculture de Melun, en lui envoyant le rapport de la commission chargée de l'examen du Semoir de M. Hugues.

MONSIEUR LE PRÉSIDENT,

La commission nommée par la Société d'agriculture de Melun, pour l'examen du semoir de M. Hugues, me charge de vous adresser copie de son rapport, afin que vous ayez la bonté de le faire passer, au nom de la Société, à cet excellent citoyen. Nous désirons que cet instrument, le plus parfait jusqu'à présent, soit reçu dans toutes les grandes exploitations. S'il réunit à sa perfection modicité dans le prix, le but de l'inventeur sera rempli, en donnant à son pays un instrument aussi utile et aussi économique de semence. Je serai empressé de terminer mon rapport, lorsque j'aurai vu fonctionner le sarcloir, et vous en ferai passer la copie.

Agréez, Monsieur le Président, etc.

Signé le général comte D'ASTORG.

Château-Gaillard, 12 Janvier 1833.

NOTA. L'original de cette lettre a été envoyé à M. Hugues par M. de Mas, président de la Société d'agriculture de Melun, en même temps que le rapport dont il y est mention.

Rapport fait à la Société d'agriculture de Melun (Seine et Marne) le 10 Janvier 1833, sur le Semoir et le Sarcloir de M. Hugues, de Bordeaux.

« *Labor improbus omnia vincit* ».

MESSIEURS,

Chargé par votre commission de vous faire un rapport sur le semoir et le sarcloir de M. Hugues, j'éprouve le regret de ne pouvoir, en ce moment, vous présenter une opinion arrêtée sur la complète utilité de ces deux instrumens, et par conséquent sur le désir de les voir adoptés par tous les agriculteurs qui font valoir de grandes exploitations.

En effet, Messieurs, pour se former une idée exacte, il faut examiner le travail à plusieurs époques de l'année : d'abord, au moment de la semence; puis, celui de la germination de la graine ; celui où le sarcloir viendra polir et nettoyer le travail du semoir, en Mars et Avril ; enfin, l'époque de la maturité des graines.

Vous serez peut-être étonnés, Messieurs, que je vous aie dit qu'il fallait examiner le travail du semoir au moment où l'on pourrait se servir du sarcloir : c'est que ces deux instrumens se complètent l'un l'autre, et le travail du premier ne peut être complet qu'après l'emploi du second, qui, s'ils remplissent le but que s'est promis l'inventeur, rempliront aussi celui vers lequel tout agriculteur doit tendre, de trouver économie dans les graines employées à la semence, économie de temps pour les soins à leur donner pendant qu'elles sont en terre, et par suite, récolte plus considérable et meilleure.

Nous n'avons encore vu le semoir opérer que seul : il a rempli toutes les premières conditions qu'on pouvait lui demander : égalité dans la manière de placer les graines en terre ; semences bien recouvertes ensuite ; enfin, économie considérable dans son emploi.

M. Dutfoy, cultivateur à Egrenay, canton de Brie Comte Robert) Seine et Marne) ayant bien voulu nous prêter une terre pour y faire fonctionner le semoir, le 8 Octobre 1832, nous l'avons employé avec la graine la plus fine, comme celle de colza ; et avec la plus grosse, comme la féverolle. Voici quels ont été les résultats de nos observations.

On a remarqué, en employant le colza, que l'instrument *fonctionnait bien; que la graine, quoique très-fine, se répandait également, était ensuite bien recouverte*. On n'a pas pris note de la graine employée, parce que le terrain à semer était trop peu considérable.

Le second essai a été fait avec du blé chaulé, sur un terrain préparé pour cette culture et bien hersé. On a employé 23 litres de graines pour ensemencer 51 perches. Ce travail a demandé une heure.

Nous avons dit que le but où tout agriculteur devait tendre, était de trouver dans la manière de travailler :

1.° Economie dans les graines qu'il livre à la terre : *ici elle était immense;* car il vous faudrait un litre de blé par perche, et vous n'en avez employé que 23 pour 51 perches. Différence, 28 litres !

2.° Economie de temps : cette condition ne serait remplie que par une longue habitude, et parce que l'instrument vous permet d'opérer quel que soit le temps. Ici, la personne, le cheval, tout était nouveau; le concours des spectateurs était même un obstacle (1).

Quant à la condition de la récolte, nous ne pouvons en parler qu'à la fin de l'année, après avoir vu quels seront les résultats de la semence que nous venons de livrer à la terre.

Le semoir a donc déjà rempli une partie des conditions qu'on lui demande. Le terrain dans lequel il a opéré est une *terre forte, un peu argileuse, de culture assez difficile*. Il a fonctionné avec le même succès sur *un terrain hersé*, sur un *terrain non hersé*, sur un *terrain hersé et roule; partout la semence a été également répandue et a parfaitement levé.*

Cet instrument est léger; au dynamomètre, il ne pèse que 100 liv. La charrue, dans le même terrain, pèse 250 liv.; il a 32 pouces de largeur sur 40 de hauteur; il repose sur trois roues et pivote comme s'il n'en avait qu'une; il est facile à faire fonctionner, *paraît solide et à l'abri de tous accidens de maladresse ou de malveillance.* Tout ce qui compose le mécanisme de la machine est renfermé dans une boîte dont il ne nous est pas permis de dévoiler le mystère, l'inventeur n'ayant pas encore mis son semoir dans le commerce. Au-dessus de la boîte, sont deux trémies qui laissent entrer la graine dans sept conduits placés à six pouces l'un de l'autre. Ces conduits sèment simultanément ou séparément. En avant, et à la base des conduits, sont placés des socs qui ouvrent plus ou moins le terrain, selon la graine que l'on veut répandre et le terrain que l'on cultive. En arrière des conduits, sont des griffes de fer qui remplissent la fonction de herses et recouvrent la semence versée dans les sillons tracés par les socs. Quoiqu'en action et les trémies pleines de graines, il sème ou ne sème pas, à volonté. L'instrument ne sème jamais en reculant, mais toujours en avançant. Des ouvertures sont placées le long des conduits, de manière que l'homme qui dirige le semoir, peut à l'instant apercevoir si une cause quelconque empêche un des conduits de fonctionner; il se rend aux champs comme une petite charrette, sans difficulté. Dans les terres légères, je pense que le tirage d'un âne serait suffisant; dans les terres plus fortes, il faut un petit cheval. Un homme est nécessaire pour le conduire, et une femme ou un enfant pour faire aller le cheval droit; encore avec un animal bien dressé et un trace-sentier, on pourrait s'en passer.

Nous avons examiné la germination de la semence : *elle est aussi belle qu'on peut le désirer.* Ayant été bien recouverte, aucune graine n'a été perdue ni mangée par les oiseaux; et à très-peu près, *on peut voir que toutes ont levé.*

Nous achèverons plus tard ce rapport en vous parlant du sarcloir, complément du semoir. Jusqu'à présent cet instrument, à quelques changemens près dans sa traverse du bas, nous semble un des plus parfaits que nous ayons vus.

Les progrès en agriculture, vous le savez, Messieurs, marchant avec lenteur, peut-être l'instrument de M. Hugues, quelque parfait qu'il soit, n'échappera-t-il pas à la loi commune, et ne sera-t-il adopté que lorsqu'une longue expérience en aura prouvé à tous la bonté : mais nous n'en devons pas moins proclamer dès à présent, et avec conviction, que M. Hugues a bien mérité du pays, non-seulement comme inventeur d'un instrument

---

(1) Le nouveau semoir fera au moins un tiers de plus d'ouvrage.

utile, mais encore comme ayant, par son voyage expérimental à travers la France, fait acte de désintéressement, de patriotisme et de philantropie.

Signé le général D'ASTORG,
Rapporteur de la Commission.

Melun, 10 Janvier.

DÉPARTEMENT D'EURE ET LOIR,

COMMUNE DE MAILLEBOIS, CANTON DE CHATEAUNEUF, ARRONDISSEMENT DE DREUX.

Rapport de M. le vicomte de Maleissye, à Maillebois, près Châteauneuf.

Epreuve du Semoir de M. Hugues.

Le 29 Septembre 1832, en présence de MM. de La Rivière, Desbrosses, propriétaires; Rocque aîné, marchand de laines; ses deux frères, cultivateur et meunier; tous trois propriétaires, fils du maire; Guérin, propriétaire, ancien notaire; de Maleissye père et fils, propriétaires des terrains soumis à l'expérience; L'Ecuyer, propriétaire et fermier; et d'une grande partie des habitans de la commune, environ vers deux heures après midi, commença l'expérience.

M. Hugues eut la complaisance de faire mouvoir son semoir, d'abord à bras dans la cour du château, sur un chemin dur et raviné, où tous les assistans purent en voir l'effet. Il sema successivement blé, haricots, trèfle, lentilles, et tous purent voir la graine sortir des tubes de conduite, et se répandre sur le terrain en rayons bien espacés à la distance demandée; le mécanisme nous restant inconnu.

Nous nous transportâmes ensuite sur le terrain préparé à la méthode du pays, en planches, et par conséquent sans hersage de travers. La pièce prise au milieu d'une plus grande, située sur une hauteur par rapport au château, mais au niveau de la plaine; terre de bonne qualité sans être très-forte, et un peu pierreuse, en culture depuis vingt-deux ans, marnée depuis six; n'ayant porté l'année d'avant que du seigle mangé en vert par les moutons, ayant eu ensuite trois labours et trois hersages, et ayant été fumée par le parc. Cette terre a du fond, et la luzerne y réussit en général. Les chevaux de labour étant au travail, l'instrument fut attelé avec une jument de carrosse, menée par mon cocher. Le nombre des curieux s'était augmenté, et parmi eux étaient plusieurs laboureurs.

La pièce première se composait de quatre planches de chacune 21 $^3/_{10}$ perches métriques de longueur, et faisant à elles quatre une largeur de 1 $^7/_{10}$ perches. Elles devaient être semées en froment pur, quoique l'époque précédât de quinze jours celle où nous semons habituellement.

L'instrument préparé par l'homme de M. Hugues, les trémies remplies, est mis en action; chacun le suit, et peut se convaincre, en voyant tomber le grain, et le petit rateau qui est derrière le recouvrir parfaitement, les trémies se vider à mesure que l'instrument remplit bien ses fonctions; tourne avec facilité au bout de la planche, et sans perdre inutilement la semence; seulement, l'homme ainsi que le cheval, peu accoutumés à ce travail et à suivre une ligne bien droite en marchant, font faire aux rayons des contours qui en consomment un peu plus.

Chacun veut y mettre la main, et prend successivement les mancherons, et se convainc par lui-même de la facilité avec laquelle on le conduit.

Ces quatre planches semées, nous passons à une cinquième dans la même pièce : même terrain, mais n'ayant pas reçu le dernier hersage après le labour à blé qui avait enterré le fumier, le parc n'y ayant pas été. L'instrument y marcha et confectionna de même. Seulement sa marche se trouvait parfois un peu arrêtée par le fumier non-consommé qui le bourrait, et dont il fallait le dégager.

Ces cinq planches font ensemble 24 $^{9}/_{10}$ perches métriques ou 60 perches du pays, à 21 pieds 8 pouces la perche; et après l'opération, il fut constaté qu'il y avait été employé douze saizains de semence. La méthode ordinaire à 2 mesures ou 40 saizins par arpent, en eût consommé 22.

De cette pièce de terre, nous fûmes à une autre, située sur la même hauteur, mais à une demi-lieue de là, où étaient trois planches préparées pour recevoir du méteil, chacune de 21 $^{1}/_{2}$ perches de longueur, et les trois ensemble faisant 1 perche 13 pieds 3 pouces de largeur, mesure ordinaire, en tout 35 perches; *terre très-pierreuse,* que l'on appelle dans le pays gravier creux, jadis en bois, défrichée depuis environ huit ans, marnée depuis un an; en friche l'année précédente; quatre labours et quatre hersages; situées partie sur la hauteur, et partie sur le versant de la vallée, à l'exposition du Sud ou S. S. E. — Là, je retrouvai mes chevaux de labour; j'en pris un avec le charretier; aussi l'instrument marcha bien plus droit; les rayons furent mieux alignés; et les pierres, *bien qu'en grand nombre*, et *quelques-unes assez grosses*, ne gênèrent en rien la marche de l'instrument. Sur les 35 perches, il fut employé six saizains de semence; précisément la moitié de ce qu'eût employé la méthode ordinaire à la volée.

Nous soussignés, certifions, comme en ayant été les témoins, tous les détails ci-dessus.

A Maillebois, ce 3 Janvier 1833.

Signés le vicomte DE MALEISSYE, *capitaine de vaisseau en retraite, propriétaire-cultivateur;* ROCQUE fils aîné; ROCQUE-LEMAIRE; ALPHONSE ROCQUE; GUÉRIN; GIRARD.

Plus bas est écrit :

Aux détails qui précèdent, je dois en ajouter quelques autres. La réunion de cultivateurs fut peu nombreuse, parce que l'arrivée de M. Hugues m'étant annoncée pour le 28, ils s'y étaient tous rendus; mais le 29 étant un jour de marché, ils furent obligés de s'en aller, et ne purent revenir. Je ne pus d'ailleurs pas les faire avertir.

M. Hugues, pendant l'opération, ne livra pas au public le mécanisme de son instrument; mais après l'opération terminée, et rentré chez moi, il eut la complaisance de me le faire voir dans tous ses détails, et je pus me convaincre qu'il est très-ingénieux, *d'un service peu difficile, d'un entretien peu coûteux*, et qu'il le serait encore moins pour les cultivateurs qui, n'ayant point à lui faire faire de voyages, n'auraient pas besoin que toutes les pièces se démontassent.

Il me paraît excellent, tel qu'il est, pour les blé et fourrages de toute espèce, et devant produire une économie très-précieuse, d'abord sur la semence, et cette économie sera encore bien plus grande si le sarcloir opère aussi bien. Cette dernière économie est moins heureuse, en ce qu'elle porte sur les journées de sarclage, auxquelles on emploie généralement les femmes des malheureux; mais elle sera avantageuse pour la culture et surtout pour les légumes.

Cependant, pour ces dernières semences, je demanderai à M. Hugues d'y trouver un perfectionnement qui y manque, si je ne me trompe pas : ce serait que chaque graine de légume ne tombât dans le rayon qu'à la même distance qui sépare les rayons, afin que le sarcloir pût passer dans les deux sens, ce qui nettoierait encore bien mieux la terre. Alors on pourrait, je crois, l'employer même pour les pommes de terre, en les coupant en petits morceaux d'un ou deux yeux, ou en adoptant la méthode aujourd'hui proposée de semer la graine au lieu de planter.

Mais, même tel qu'il est, ce semoir me paraît une découverte précieuse qui doit mériter à son auteur la reconnaissance de tous les cultivateurs et de tous les amateurs de l'agriculture. Je m'inscris avec empressement au nombre des souscripteurs, si M. Hugues, d'après les succès qu'il a obtenus, le livre au public.

Aujourd'hui, 3 Janvier 1833, *le froment est très-beau*, sauf à l'extrémité de la cinquième planche, où il a été mangé par le vermeil, circonstance indépendante du semoir.

Les cultivateurs qui viennent le voir, *et même ceux qui se méfiaient le plus du succès, en sont étonnés et reconnaissent qu'il sera assez épais. — Le méteil est également beau et bien fourni.*

Signé vicomte DE MALEISSYE.

DÉPARTEMENT DE SEINE ET OISE.

Lettre de M. Bella à M. Hugues.

Grignon, le 14 Janvier 1833.

MONSIEUR,

Je vous demande pardon d'avoir tant tardé à répondre à la lettre amicale que vous m'avez fait l'honneur de m'adresser. C'est que, toujours pressé par ma besogne de tous les instans, je ne puis que bien rarement faire ce qui me tient le plus à cœur.

Je joins ici le rapport qui a été fait immédiatement sur l'opération d'expérience de votre semoir. Il relate fidèlement toutes les circonstances, le temps employé et les quantités de semences; et vous devez y reconnaître cette minutieuse exactitude, sans laquelle les expériences en petit n'ont aucun avantage. J'apprendrai avec plaisir de vous, Monsieur, que nous sommes d'accord sur tous ces détails, et il me tarde que nous puissions en apprécier ensemble les résultats sur le terrain. Je désire beaucoup que, si vous exécutez le voyage projeté pour ce printemps, vous veuilliez bien vous rappeler tout l'intérêt que vous avez inspiré dans l'institution de Grignon, et vous éprouviez autant d'envie d'y revenir que nous en aurons à vous recevoir, et à voir continuer les expériences qui peuvent jeter un nouveau jour sur les meilleures pratiques agricoles. Je crois que c'est surtout aux plantes à sarcler qu'il faut tâcher de faire le plus d'application de votre semoir; car là sa supériorité ne sera pas contestée, tandis qu'on pourra long-temps encore opposer au semis en ligne des céréales, les déficits en paille qui ont fait abandonner le drill en Angleterre, en Ecosse, et dans quelques parties de l'Allemagne où il avait été importé.

J'apprendrai avec beaucoup d'intérêt où vous en êtes de la fabrication de vos semoirs, si l'expérience acquise par l'usage que vous en avez, vous en a assez fait connaître les parties faibles, pour que vous ayez pu arrêter définitivement le plan d'après lequel vous ferez construire cet instrument. Quand vous croirez être arrivé à ce point, je m'inscrirai volontiers pour en recevoir un.

Quant au prix, vous aurez à calculer si, pour en vendre plus, il ne sera pas plus prudent d'établir un prix modique. Cette contrée s'est déjà cabrée contre le prix de 500 fr., que vous aviez indiqué approximativement, et je doute qu'à ce prix vous en placiez chez les fermiers.

En attendant de recevoir de vos bonnes nouvelles, veuillez agréer, Monsieur, les expressions des sentimens les plus distingués de votre dévoué serviteur,

Signé A[te]. BELLA.

INSTITUTION ROYALE AGRONOMIQUE DE GRIGNON (SEINE ET OISE).

Grignon, le 10 Octobre 1832.

Rapport sur l'ensemencement comparatif de diverses plantes au moyen du semoir de M. Hugues, et par les procédés en usage à l'Institution royale agronomique de Grignon.

Le terrain qui avait été choisi pour l'ensemencement et les expériences qui doivent en résulter, est *en pente assez rapide*, d'une nature calcaire; la terre qui avait porté des vesces pour fourrage, avait ensuite reçu un labour, un coup de rouleau et un hersage; néanmoins, elle n'était pas dans un état de pulvérisation, et il s'y trouvait encore quelques mottes et des pierres dures, d'une grosseur, il est vrai, peu considérable.

Le champ d'expérience avait été divisé en cinq parties de 20 ares : la moitié de chacune de ces parties (10 ares) était réservée au semoir Hugues, l'autre moitié aux ensemencemens. Suivant les méthodes de l'établissement, cette division avait eu lieu longitudinalement, afin d'obtenir une même qualité de sol pour les deux ensemencemens. Toutefois, sur l'une des parties réservées à Grignon, existent des bordures d'ormeaux de 25 à 30 ans, qui devront plus tard entrer dans les calculs comparés des récoltes. Les plantes à ensemencer étaient le colza, les féverolles, le seigle, les vesces, le lentillon.

L'expérience a eu lieu le Mardi 9 Octobre 1832, en présence d'un concours assez nombreux d'agriculteurs et d'une commission spéciale de la Société d'agriculture de Versailles.

Le temps était beau et favorable. Il eût été à désirer que les deux ensemencemens comparatifs eussent été faits le même jour; mais le temps et le dérangement ordinaire que causent les expériences publiques, n'ont pas permis d'en agir ainsi. A trois heures de l'après-midi, le semoir Hugues, conduit par un cheval et deux hommes, a commencé par semer du colza à 18 pouces de distance; il a employé 20 minutes pour l'ensemencement de 10 ares, et 10 centilitres de graines. Il a ensuite semé des féverolles à la même largeur, à raison de 8 litres 12 centilitres pour les 10 ares, et il a employé 25 minutes à cette seconde opération. Le troisième ensemencement a été celui du seigle : la semence employée a été de 12 litres 50 centilitres, et le temps de l'opération a été de 18 minutes. Le quatrième ensemencement était celui des vesces : la semence employée a été de 10 litres, et le temps de l'opération a duré 25 minutes. Enfin les expériences ont été terminées par l'ensemencement du lentillon : le temps de l'opération a duré 20 minutes; la semence employée a été de 13 litres. Cette quantité a été plus considérable que celle de la vesce, par la raison sans doute que M. Hugues, n'ayant pas encore fait usage de cette graine, n'a pu, au milieu d'une affluence de spectateurs, trouver de suite le degré le plus convenable, ce qui du reste aura bien peu d'influence sur la récolte.

Dans la durée de chaque opération, on n'a pas dû comprendre le temps de vider le semoir et de le remplir chaque fois, parce qu'il n'est pas habituel de changer de semence de demi-heure en demi-heure, et que ce temps perdu avait pour cause un fait expérimental et étranger à la pratique. Par conséquent, cette durée ayant été de 20 minutes en moyenne par 10 ares, on peut en conclure que dans une journée de 10 heures, le semoir fonctionnerait sur 250 ares, à 3 hectares par jour, à peu près la moitié de ce que peut faire un bon semeur; du reste, la conduite de l'instrument est facile, et la manière de le régler nous a parue simple. *A l'égard de la prise de la semence, on peut dire, sans crainte d'être démenti, que le procédé de M. Hugues est aussi sûr qu'ingénieux*. C'est l'œuf de Christophe Colomb, mais il fallait le trouver. Les ensemencemens de Grignon ont eu lieu le lendemain. La pluie qui menaçait au commencement, a fini par troubler l'opération et forcé de renvoyer au lendemain la moitié de la plantation des féverolles.

Le colza a été semé au semoir de Grignon, conduit par un homme et un cheval, et la semence répartie à 11 pouces de distance.

Il en a fallu 13 centilitres, et le temps employé a été de 30 minutes, par suite du dérangement causé par la pluie.

Les féverolles ont été plantées à la main, dans les raies tracées par un rayonneur et recouvertes au pied. La semence a employé 7 litres; la durée de l'ensemencement a été, pour le rayonneur conduit par deux hommes et deux chevaux, de 25 minutes, et la plantation de 13 litres. (La plantation à la main n'eût pas eu lieu, si la planche avait été assez large pour semer à la volée et herser en travers, ce qui eût produit le même effet avec moins de temps et de semence).

Le seigle semé à la volée a exigé 12 litres 50 centilitres; les vesces, 25 litres 75 centilitres; le lentillon, 18 litres 75 centilitres. L'ensemencement des 30 ares a duré 30 minutes; le hersage par un homme et deux chevaux, attelés chacun à une herse, 39 minutes.

Un compte comparatif de dépenses et produits a été ouvert aussitôt; plus tard il sera indispensable pour juger de l'opération, et déjà il peut offrir quelque intérêt.

COLZA.

SEMOIR HUGUES.

Semence : 0 lit. 10 c. à 20f l'hect.	″f 2c
Temps : 20 minutes.	
Deux hommes à 20 c. l'heure......	″ 14
Un cheval à 30 c......................	″ 10
	″f 26c

SEMOIR DE GRIGNON.

Semence : 0 lit. 13 c.................	″f 2c
Temps : 30 minutes.	
Un homme à 20 c. l'heure..........	″ 10
Un cheval à 30 c. l'heure..........	″ 15
	″f 27c

FÉVES.

Semence : 8 lit. à 20 fr. l'hect....	1f 62c
Temps : 25 minutes.	
Deux hommes...........................	″ 17
Un cheval...............................	″ 12
	1f 91c

AU RAYONNEUR

Semence, 7 litres.........................	1f 40c
Temps : Rayonneur, 25 minutes.	
Deux hommes..............................	″ 17
Deux chevaux..............................	″ 24
Plantation.	
Un homme, 13 heures à 20 c......	2 60
	4f 41c

SEIGLE.

Semence : 12 lit. 50 c. à 12 fr......	1f 50c
Temps : 18 minutes.	
Deux hommes............................	″ 12
Un cheval................................	″ 9
	1f 71c

A LA VOLÉE.

Semence : 22 lit..........................	2f 64c
Temps :	
Un semeur, 10 minutes..............	″ 3
Hersage, 13 minutes..................	″ ″
Un homme................................	″ 4
Deux chevaux...........................	″ 13
	2f 84c

VESCES.

Semence : 10 lit. à 20 fr. l'hect....	2f ″c
Temps : 25 minutes.	
Deux hommes...........................	″ 17
Un cheval................................	″ 12
	2f 29f

Semence : 25 lit. 75 c................	4f 15c
Temps : comme au Seigle...........	″ 20
	4f 35c

LENTILLON.

Semence : 13 lit. 6 c. à 22f l'hect.	2f 87c
Temps : 20 minutes.	
Deux hommes...........................	″ 13
Un cheval................................	″ 10
	3f 10c

Semence : 18 lit. 75 c. à 22f l'hect.	4f 12c
Temps : comme au Seigle...........	″ 20
	4f 32c

Nota. On ne plante pas à la main ordinairement; ici la planche est trop étroite pour pouvoir semer à la volée et herser en travers.

On ne peut jusqu'ici parler que de la levée des semences; elle a eu lieu d'une manière *satisfaisante*. Les lignes tracées par le semoir présentent, il est vrai, des courbes qui rendraient très-difficile un sarclage sur plusieurs lignes à la fois; mais d'après M. Hugues, cette circonstance ne serait point un obstacle à sa méthode, et s'il en est ainsi, ce n'est plus à-peu-près qu'un affaire de coup-d'œil, et par conséquent insignifiante. *Depuis la levée, la végétation de tous les semis a été heureuse*, hormis celle du colza, pour lequel la saison était trop avancée, et qui a été dévoré par les insectes et détruit par les gelées.

Tels sont les faits que ces expériences ont présentés jusqu'ici. Nous ne chercherons pas à en tirer des conséquences prématurées. C'est de l'ensemble des résultats que doit sortir le jugement des hommes impartiaux et amis de leur pays.

On doit observer que pour que le semoir Hugues puisse fonctionner, il faut que la terre ait été hersée, unie à l'avance, tandis que le cultivateur sème d'ordinaire sur le labour. Le hersage fait sur la semence, ne devrait donc pas, en certains cas, être porté en compte (1).

Signé A[te]. BELLA.

DÉPARTEMENT DE SEINE ET OISE.

Rapport de la Société d'agriculture de Versailles, sur le Semoir de M. Hugues.

MESSIEURS,

Vous avez nommé une commission pour assister à l'essai du semoir de M. Hugues, qui devait avoir lieu chez M. Dailly, à Trappes, et à la ferme-modèle de Grignon.

Chez M. Dailly, le 6 Octobre, 23 ares ou 53 perches de très-bonne terre, bien meuble, propre et nouvellement hersée, sans pierres, sans fumier pailleux, et formant un sol uni, ont été semés en blé par sept lignes à la fois, espacées à 6 pouces l'une de l'autre.

29 litres y ont été employés.

Quelques interruptions dans la marche de l'instrument, le retard apporté par la nécessité de remplacer une chaîne qui s'était cassée dans l'intérieur de la machine, la pluie qui tombait par intervalles, ont empêché de calculer rigoureusement le temps qu'a duré l'opération.

Pendant que fonctionnait le semoir de M. Hugues, M. Dailly faisait semer à la volée, suivant notre usage, une partie d'une égale étendue de la même pièce de terre, placée à côté de la première et dans des circonstances absolument semblables, à l'exception du hersage, qui, dans la pièce semée par M. Hugues, avait précédé la marche du semoir, tandis que dans celle-ci le hersage n'avait lieu qu'après la semaille et pour couvrir et enterrer le grain.

---

(1) Voir les rapports de M. le comte de Bussy et de la Société d'agriculture de Melun, qui constatent que le semoir opère tout aussi bien sur terrain non hersé que sur celui qui est hersé.

Par ce mode de semaille à la volée, 73 litres ½ de grains ont été employés.

A Grignon, M. Bella, directeur de cet utile établissement, avait eu la bonté de faire préparer dans une pièce de terre, située dans l'enclos, et connue sous la dénomination de   , dix portions de dix ares chacune, afin que l'essai pût avoir lieu sur cinq de ces portions avec des graines de diverses formes et de dimensions différentes, et que l'on semât sur les cinq autres des graines de même espèce par les procédés usités à Grignon, dans le but de comparer les produits de la récolte.

En effet, le 9 Octobre, cinq de ces portions de terre de 10 ares chacune, furent ensemencées par le semoir de M. Hugues.

La première, en colza, par trois lignes à la fois, espacées à 18 pouces chacune.

La seconde, en féverolles, également par trois lignes à la fois, et à 18 pouces d'intervalle entre les lignes.

La troisième, en seigle, par sept lignes à la fois, espacées à 6 pouces.

La quatrième, en vesce, par sept lignes, et celles-ci à 6 pouces.

La cinquième enfin, en lentillons, par sept lignes encore, et celles-ci à 6 pouces également l'une de l'autre.

Les quantités de semences employées ont été :

Pour le colza, d'un dixième de litre, soit par hectare..	1 lit.	//	//
Pour les féverolles, de 8 litres 12 c., soit par hectare..	0	81	20
Pour le seigle, de 12 litres 30 c., soit par hectare.......	1	23	//
Pour la vesce, de 10 litres, soit par hectare............	1	//	//
Pour le lentillon, 14 litres, soit par hectare............	1	40	//

L'heure avancée n'a pas permis d'ensemencer de suite, et en présence de la commission, les portions de terre destinées à servir de terme de comparaison ; mais M. Bella a bien voulu se charger de faire exécuter ce travail le lendemain, et prendre une note exacte des circonstances y relatives pour vous en rendre compte.

Le terrain sur lequel on a opéré, est inégal, en côte rapide, et contient des pierres calcaires, dont un assez grand nombre ont de 3 à 4 pouces de diamètre. Ce terrain était propre, bien préparé, meuble. La partie destinée au semoir de M. Hugues avait été nouvellement hersée comme à Trappes.

Le semoir, conduit par un cheval de force médiocre, a fonctionné sans interruption, autre que celle nécessaire pour mesurer les graines restées dans la trémie et changer celles-ci. Chaque portion de terre de 10 ares a été ensemencée dans un quart d'heure et la graine recouverte, puisque le semoir remplit en même temps cette double fonction. *Ce serait donc, en comptant rigoureusement, 2 heures et demie, et en laissant une latitude convenable, 3 heures de travail qu'exigerait l'ensemencement d'un hectare de terre.*

A Trappes, l'instrument *bourrait* (1), suivant l'expression en usage, c'est-à-dire, que les coûtres et les douilles, ou tuyaux par lesquels s'échappe la semence, s'engorgeaient de terre. On sait qu'à Trappes le terrain est argileux, et l'on se rappellera que nous avons déjà dit *qu'il pleuvait alors qu'avait lieu l'ensemencement ;* aussi le cheval qui traînait le semoir paraissait-il fatigué.

---

(1) Voir les Observations mises à la suite des rapports.

A Grignon, il faisait un beau temps, la terre était saine, plus légère que celle de Trappes; *le semoir a fort bien marché; et quoique le terrain fût en côte, le tirage ne paraissait pas au-dessus des forces d'un cheval ordinaire.*

Avant d'entrer dans ces détails et de vous rendre un compte aussi minutieux de l'opération à laquelle nous avons assisté, nous aurions désiré vous faire connaître le semoir dont est question, vous montrer sa forme extérieure et vous parler de son mécanisme intérieur.

Mais la crainte que manifeste M. Hugues que quelqu'un ne s'empare d'une invention qui lui a coûté tant d'essais, de soins, et occasionné tant de dépense, nous a, comme vous le pensez, Messieurs, rendus fort discrets. Cet agronome ne nous a montré, à Trappes, rien de l'intérieur de son semoir. A Grignon, il nous a fait voir l'endroit où, de la trémie, tombe le grain pour se répandre dans les douilles qui le versent dans la raie.

Cette seule partie de l'instrument ne nous donne du mécanisme qu'une connaissance fort incomplète, et encore M. Hugues nous a-t-il priés de n'en pas parler.

Il nous avait semblé que l'intérieur de la machine ne comportait rien qui pût être l'objet d'un secret; aussi, pour vous en faire une description plus exacte, pour que vous puissiez suivre cette description avec plus de facilité, nous avions commencé à en faire le dessin, lorsque M. Hugues nous pria de l'anéantir.

Néanmoins, Messieurs, en vous parlant de l'effet général de l'instrument qui nous occupe, il est impossible que nous ne vous entretenions pas de quelques-unes de ses parties et que nous ne vous donnions pas une idée de son ensemble. En taisant ce qui pourrait conduire sur la voie du mécanisme intérieur, M. Hugues approuvera sans doute que nous vous parlions de ce qui peut vous mettre à même d'apprécier le degré d'utilité de son semoir.

Cet instrument pèse 220 livres, non compris le poids du grain placé dans la trémie. Il a son aplomb au moyen de trois roues; deux petites aux extrémités latérales et une plus grande en avant qui facilite sa marche et peut-être encore le mouvement du mécanisme intérieur. Des coûtres, que l'on place à volonté et dont on peut varier le nombre jusqu'à 7, ouvrent et tracent les raies. Sept douilles ou tuyaux placés immédiatement derrière, reçoivent les graines et les répandent; et enfin, des chaînes mobiles, traînant à terre, et dont la forme ingénieuse leur permet d'échapper aux obstacles que présentent les pierres, les mottes de terre, ou des herbes, *recouvrent parfaitement la semence.*

Ce semoir, armé de la sorte, embrasse et sème une longueur de 3 pieds. Au moyen des sept douilles qu'on ne met en action qu'au nombre que l'on veut, les lignes peuvent être à 6 pouces, à un pied, ou à 18 pouces l'une de l'autre. *Par la disposition du mécanisme intérieur, toute espèce de graines menues ou grosses, légères ou pesantes, peuvent être semées. Par le plus ou moins d'entrûre donnée aux coûtres, la semence peut être plus ou moins profondément enterrée.* Des mancherons semblables à ceux de nos charrues, servent à l'homme qui dirige le semoir, à le maintenir dans une direction convenable, et surtout pour le lever de temps en temps et par secousse, afin de débarrasser les coûtres, les douilles et les chaînes de ce qui gêne ou contrarie leur action. Une seconde personne conduit le cheval, et il lui faut une certaine habitude pour maintenir celui-ci de manière à ce que la première ligne de chaque train soit à une distance égale des lignes tracées par le train précédent.

Parmi les défauts de peu d'importance que présente le semoir dans son état actuel, la commission a remarqué que les graines une fois arrivées dans la douille, il n'y avait aucun moyen d'en suspendre la chute, ce qui fait que là où s'arrête l'instrument, il y a trop de semence ; que d'un autre côté, lorsque l'on met le semoir en mouvement, le grain ne tombe qu'après la première révolution des roues. Ces inconvéniens, Messieurs, vous les trouverez légers sans doute, puisque l'effet peut en être considérablement diminué par un usage bien entendu de la machine.

Mais un inconvénient plus grave, est que les roues se trouvent dans la même direction que les lignes (1). Celle de devant précède la chute de la semence, et les autres passent par-dessus. D'où il résulte que les lignes semées sont entre elles dans une condition différente ; et, dans une terre humide, ce passage des roues sur la semence ou dans les raies avant qu'elle ne tombe, peut nuire à la régularité de l'ensemencement et à la réussite de la récolte. Espérons que M. Hugues, qui a déjà vaincu tant de difficultés, parviendra encore à surmonter celle-ci, qui, au reste, n'en est une réelle, que dans les terres argileuses ou fort humides.

Votre commission, Messieurs, *unanime dans cette opinion, que ce qu'elle a vu du semoir de M. Hugues réunit beaucoup des conditions que doit présenter un tel instrument,* aurait désiré cependant l'appuyer de quelques résultats ; mais à Grignon, la levée des graines semées n'est pas assez avancée pour rien préjuger. La levée des graines, la manière dont elles se comporteront l'hiver, leur récolte, paraissent donc devoir être l'objet d'un autre rapport, dans lequel on pourrait traiter également du bineur dont M. Hugues se propose de faire l'essai le printemps prochain.

Enumérer et discuter les avantages des machines à semer, rechercher dans quels cas leur usage est utile, serait nous écarter du mandat que vous nous avez donné, et revenir sur des questions approfondies depuis long-temps.

C'est uniquement du semoir de M. Hugues que nous avons à nous occuper, et il nous reste à vous en parler sous deux rapports essentiels, sa solidité, la facilité de le réparer d'un côté, et de l'autre son prix.

Quant à la solidité et à la facilité de le réparer, la commission n'ayant pas vu le mécanisme intérieur, ne saurait émettre d'opinion ; c'est l'expérience qui décidera.

Pour le prix, M. Hugues nous a dit qu'on ne pouvait guère l'évaluer moins de 4 à 500 fr.

Sans doute, Messieurs, un grand nombre d'agriculteurs sont disposés à mettre un tel prix pour avoir un instrument utile qui, en économisant la semence, facilitera l'opération si chère et si difficile des binages ; mais nous ne pouvons nous dissimuler que le plus grand nombre de ceux-là même, par un esprit de prudence, de défiance si vous voulez, n'hésitent long-temps à faire cette dépense, et n'attendent, pour s'y décider, que l'expérience de plusieurs années vienne confirmer les avantages de l'instrument dont est question.

Nous craignons donc que si M. Hugues persiste dans l'intention qu'il a manifestée de ne livrer son semoir qu'après avoir réuni un grand nombre

(1) Voir les Observations.

de demandes, cet instrument, que nous croyons utile, ne profite que tardivement à l'industrie agricole (1).

L'adoption des choses les meilleures n'est jamais spontanée en France. Dans nos campagnes, ce n'est qu'à la longue, par degré, de proche en proche, en quelque sorte, que les instrumens nouveaux, les méthodes nouvelles, parviennent à se naturaliser. Ce n'est qu'en livrant de suite son semoir aux plus riches, aux plus avantureux, que M. Hugues peut espérer de le répandre et de doter son pays d'un moyen de richesse et de prospérité.

DÉPARTEMENT DE L'OISE.

Lettre de M. H. Daudin, propriétaire à Pouilly, près Méru. (Oise).

Pouilly, ce 5 Janvier 1833.

MONSIEUR,

Je vous ai fait adresser de Beauvais un exemplaire de l'*Annuaire* du département de l'Oise, qui vous parviendra sans doute avant ma lettre. Vous y trouverez, à la page 292, le rapport relatif à l'expérience que vous avez faite à Pouilly le 11 Octobre dernier.

Je désire vivement, Monsieur, que vous en soyiez satisfait : j'ai tâché, en vous rendant toute la justice qui vous est due, de rapporter les faits avec impartialité.

Peut-être ne verrez-vous pas sans intérêt notre Annuaire, et surtout les deux statistiques cantonales qu'il renferme. Cet ouvrage est rédigé par un de vos compatriotes, M. Graves, ami de M. Fonfrède, et secrétaire-général de la préfecture.

Votre expérience a pris rang dans les annales du département, et vous ne devez pas douter du vif intérêt qui s'attache à votre nom ; aussi ne suis-je pas le seul qui désire avec impatience l'époque indiquée pour votre voyage du printemps, qui nous permettra de vous posséder encore quelques instans, malheureusement trop courts.

Si vous pouvez me faire connaître quelque temps d'avance le jour de votre passage, je m'empresserai de le publier et de prévenir les nombreux amateurs qui désirent vous connaître et être témoins de votre expérience.

J'ai l'honneur d'être avec la plus haute considération, Monsieur, votre très-humble et très-obéissant serviteur.

Signé H. DAUDIN.

Rapport de M. Daudin, propriétaire à Pouilly, près Méru, imprimé dans l'Annuaire du département de l'Oise.

Le 17 Octobre 1832 a été faite dans le département, à la ferme de Pouilly, canton de Méru, l'épreuve d'un nouveau semoir inventé par M.

---

(2) Voir les Observations.

Hugues, avocat à la Cour royale de Bordeaux. Un nombreux concours de cultivateurs et d'amateurs d'agriculture assistait à cette expérience.

Déjà plusieurs agriculteurs ont essayé de remplacer le semis à la main, dont l'usage est général, à l'aide de machines plus ou moins ingénieuses; mais il y a certes une idée nouvelle, toute pleine d'un zèle et d'une philantropie qui trouveront peu d'imitateurs, dans cette résolution prise par M. Hugues de parcourir la France à ses frais, afin de laisser dans chaque département un exemple pratique, propre à faire juger des avantages de son invention. Persuadé de l'excellence de son procédé, il a voulu faire partager à tous sa conviction, par des preuves matérielles et irrécusables. Ni les dépenses, ni les fatigues d'un long voyage, ne l'ont arrêté, ni la crainte de hasarder en pure perte d'énormes sacrifices. Cette circonstance suffirait seule pour donner à ces expériences un caractère particulier, et pour y attacher un degré d'intérêt peu ordinaire.

L'inventeur fait encore, avec raison, quelque mystère du mécanisme intérieur de son instrument. C'est donc l'extérieur seul qu'il est possible de juger. Sept coûtres acérés et tranchans tracent sept rayons parallèles espacés à six pouces d'intervalle; chaque coûtre est suivi d'un soc qui ouvre la terre et protège le tube conducteur de la semence. Cette semence découle d'une trémie où viennent aboutir les tubes qui la déposent directement au fond des rayons. Derrière les socs, plusieurs petits rateaux mobiles ferment les rayons et recouvrent le grain. L'instrument s'enterre et se déterre à volonté; *son action déplace les mottes de terre et les corps durs, et les chasse hors des rayons.* Ainsi, la semence se trouve placée à *une profondeur convenable et toujours égale;* elle n'est recouverte que par la terre la plus douce et la plus friable; de sorte qu'après la germination, les radicules trouvent à s'enfoncer dans un sol bien ameubli et facilement perméable. Le grain cesse de s'échapper dès que la machine s'arrête; néanmoins, en pressant un bouton, on peut obtenir le même effet pendant sa marche. Si l'on supprime un ou plusieurs des tuyaux intermédiaires, on a la facilité d'espacer plus ou moins les rayons toujours de six pouces en six pouces; de sorte qu'on sème à six pouces, à un pied, à dix-huit pouces ou à deux pieds, selon la nature des plantes cultivées. Il est facile aussi de modifier le mécanisme selon la grosseur des graines, de manière à semer sur-le-champ, et à volonté, toute espèce de graines. La régularité des lignes et leur parallélisme parfait, donnent le précieux avantage de pouvoir toujours sarcler, au besoin, les jeunes plantes. M. Hugues a imaginé à cet effet un nouveau sarcloir qui forme le complément de son semoir.

Tout l'appareil repose sur trois roues, dont deux sont fort basses et servent de points d'appui; la troisième est le centre de direction. *Quoique solide, il est construit avec légèreté* et même avec une certaine élégance. Un seul cheval le met facilement en mouvement.

Tel est l'exposé général de la construction et du mécanisme extérieur du nouveau semoir. Je vais rendre compte particulièrement de sa manière d'opérer dans l'expérience en question.

Dans une pièce de terre d'une certaine étendue, on a tracé un parallélogramme alongé, partagé en quatre parties égales par une raie longitudinale, coupée transversalement au milieu de sa longueur. Ce terrain bien ameubli et préparé par quatre labours, *avait été fumé* en partie en Juin, en partie à la fin d'Août. Deux de ces quatre divisions, opposées angle à angle, ont été ensemencées à blé à la main, selon la méthode ordinaire, et les deux autres, alternes avec celles-ci, et aussi opposées par les angles, ont été ensemencées à l'aide du semoir. On pourra ainsi établir entre les produits une comparaison rigoureusement exacte. Le semoir devant opérer sur une surface unie, l'une des deux divisions a été aplanie à dos de herse, ou, en terme du pays, *ploutrée*, et l'autre passée au rouleau.

Le grain semé avait été passé à un chaulage modéré, dont l'effet a produit une augmentation de volume d'environ un cinquième. On a tenu compte exactement de la quantité de semence, ainsi que du temps employé dans chacune des deux opérations, par l'homme et par l'instrument. Voici quel a été le résultat :

Le semeur a terminé en cinquante-huit minutes : la machine en a employé soixante-deux. Mais il est à observer qu'avec le semoir, *l'opération se trouve complètement achevée*, tandis qu'il a fallu encore *trois tours de herse pour recouvrir la semence distribuée à la main*. C'est surtout par l'économie de semence que l'instrument de M. Hugues offrirait d'immenses avantages, puisqu'il a semé avec trente-cinq litres de grain un espace égal à celui pour lequel le semis à la volée en a employé cent. On voit de quelle richesse ce procédé nouveau doterait l'agriculture et le pays tout entier, en rendant à la consommation *les deux pieds* du grain semé chaque année.

Il me reste à reproduire sommairement les objections et les remarques critiques que j'ai pu saisir, et quelques-unes des réponses que l'on y a faites. Et d'abord, en thèse générale, on doit convenir qu'il se présente naturellement bien des circonstances défavorables dans une opération de ce genre, exécutée par forme d'essai, sans préparatifs calculés, sans connaissance préalable du terrain et des localités, et au milieu d'une foule de curieux dont la présence, nécessaire quant au but, est souvent incommode et nuisible. Ainsi, on a observé quelquefois que le choc d'un caillou ou d'un autre obstacle soulevait l'instrument ; mais le cheval qui le traînait, non-habitué à ce service, marchait trop vîte, ce qui occasionnait ces légers soubresauts. Avec une marche régulière et modérée, les obstacles sont déplacés sans secousse. L'inexpérience du conducteur a laissé parfois dévier le semoir de la direction toujours parallèle qu'il doit suivre. Enfin, l'affluence des curieux sur un même point a foulé en quelques endroits le sol, au point qu'il ne pouvait être entamé qu'avec peine. *Cependant toutes ces difficultés ont été heureusement surmontées.*

On a objecté que le fumier long et nouveau pourrait empêcher la machine de fonctionner : sans doute, dans ce cas, il faudrait de temps en temps s'arrêter pour désobstruer les coûtres et les socs ; mais cet inconvénient a lieu souvent, même dans le travail de la herse ordinaire.

Quelques personnes aussi ont trouvé l'instrument trop frêle, et devant offrir peu de solidité. A quoi M. Hugues a répondu qu'il serait facile de lui donner une apparence de force, en faisant exécuter en bois ce qui est en fer ; mais que la solidité alors serait plus apparente que réelle.

Enfin, le plus grand nombre, frappé du peu de grain employé, a persisté à prétendre que le semis serait trop clair, et que le terrain ne pouvait pas être suffisamment garni. Ils ne se sont point rendus aux raisons de M. Hugues : « Que dans le semis à la volée, une quantité considérable de » grain se perd, par trop ou trop peu de profondeur ; que, selon sa con- » viction, la quantité par lui employée est suffisante pour obtenir la plus » belle récolte possible ; qu'il lui serait d'ailleurs facile de semer plus dru,

» soit en augmentant les ouvertures, soit en rapprochant les rayons ».

Aujourd'hui que le blé a levé, on peut déjà hasarder quelques conjectures. Il est vrai que le terrain est moins garni qu'il n'est d'usage; cependant *les lignes sont bien suivies, et la semence est distribuée d'une manière très-égale*. S'il n'y a pas eu de grains surabondans, *au moins aucune plante ne gêne l'autre,* ce qui serait déjà une chance de succès, s'il est vrai, comme l'ont prétendu les agronomes, « que la plante la plus nuisible au blé, c'est » le blé lui-même ».

Ne nous pressons pas de juger à la légère le procédé d'un homme éclairé comme M. Hugues, qui nous dit : *J'ai fait, j'ai vu, je suis sûr.* Attendons les résultats et les faits; il en sera rendu un compte exact. Des essais aussi désintéressés ne sauraient être trop encouragés. M. Hugues reviendra au printemps exécuter de nouveaux semis et faire sarcler, s'il en est besoin, le semis d'automne. Les cultivateurs seront avertis de son passage. Espérons qu'un empressement bien naturel répondra à son zèle et à ses efforts pour améliorer l'agriculture, source inépuisable de la richesse et de la prospérité publiques, et qu'on a appelée avec raison *le premier des arts*.

Signé H. DAUDIN.

DÉPARTEMENT DE LA SEINE INFÉRIEURE.

Lettre de M. Desjobert à M. Hugues.

Rieux, près Blangy (Seine-Inférieure, 9 Janvier 1833.

MON CHER MONSIEUR,

Veuillez m'excuser si je n'ai pas répondu plus tôt à votre si bonne lettre du 9 Décembre : d'une part, je voulais pouvoir en dire le plus possible sur le blé de votre semoir, et d'un autre, j'ai eu mon chef de culture qui a succombé à une longue et douloureuse maladie, ce qui m'a bien affecté et dérangé.

Je joins à ma lettre mon rapport à la Société d'agriculture de Rouen; et je vous certifie à vous même qu'il n'y a aucune complaisance dans l'éloge que je fais de votre instrument. J'ai la plus grande espérance que vous réussirez complètement dans votre si bonne entreprise, et que vous aurez plus fait pour le bien de l'espèce humaine, que la plupart de nos philosophes ou de nos politiques.

Je serai bien enchanté au printemps de vous revoir de nouveau, et alors, étant prévenu d'avance, je vous promets un concours considérable. Je serais bien content de vous faciliter dans mon petit cercle, pour la propagation de votre utile découverte.

Adieu, Monsieur; recevez la nouvelle assurance des bien bons sentimens de votre très-affectionné et reconnaissant serviteur.

Signé DESJOBERT.

Rapport fait à la Société d'agriculture du département de la Seine Inférieure, sur l'expérience du Semoir de M. Hugues, de Bordeaux, faite à Rieux, chez M. Desjobert, le 21 Octobre 1832.

Messieurs,

J'ai bien regretté que le jour de l'expérience qu'est venu faire chez moi M. Hugues, se soit trouvé précisément celui de la séance générale de la Société. Cette malheureuse coïncidence m'a privé d'avoir un plus grand nombre de nos collègues.

Pour répondre à la demande qui m'a été faite par M. Girardin d'un rapport sur cette expérience, j'ai voulu attendre que je pusse vous dire au moins dans quel état serait le blé lors de sa levée. C'est ce que je vais faire aujourd'hui.

Le 21 Octobre 1832, en présence d'un grand nombre de cultivateurs de Normandie et de Picardie, et de MM. Lemarié de Croutelle, de Lignemarre, Boutry et Delesque, membres de la Société, M. Hugues a ensemencé en blé, avec son semoir, 37 ares (un journal du pays).

Cet instrument *fort ingénieux* a environ 45 pouces de long. Il a sept conduits de semence qui sont à six pouces de distance et indépendans l'un de l'autre; de sorte que l'on peut semer à-la-fois de deux à sept lignes à des distances résultant de cet écartement de six pouces; l'on sème à volonté et à la quantité que l'on veut toutes les graines, depuis le trèfle jusqu'aux féverolles.

Il faut, pour la manœuvre du semoir, un cheval, un homme aux mancherons, et une femme pour conduire le cheval. *On fait facilement un hectare en trois heures.*

La terre sur laquelle il a été opéré est une *argile calcaire de vallée* d'une végétation assez active. Elle sortait de pois fumés, consommés en vert; *mais elle était loin d'être en bon état: il y avait et il y aura encore malheureusement cette année du chiendent.* Sa valeur locative peut être de 75 fr. l'hectare.

Après le labour, la terre avait reçu deux hersages, et l'on n'y avait pas touché après l'ensemencement de M. Hugues. *Le semoir enterre parfaitement bien la semence, et à la profondeur que l'on veut; au point que trois jours après que j'y fus, après une pluie qui lavant le blé non enfoui le fait ainsi bien reconnaître, je n'en vis aucun grain; tandis que sur les autres pièces de blé, il y en avait un quart ou un tiers à la surface;* ce qui a toujours lieu, quel que soit le nombre des hersages que l'on donne, *car le même coup de herse en déterre souvent autant qu'il en recouvre.*

Les 37 ares de terre en blé ont été ensemencés par 35 litres. J'ai fait semer à côté, à la main, par un semeur ordinaire, pareils 37 ares de terre de même nature et de même culture antérieure; il y est entré 87 litres, ce qui fait par hectare une économie de semence d'un hectolitre 40 litres, qui, à 20 fr. l'hectolitre, donne 28 fr. de bénéfice, c'est-à-dire, *environ le tiers de la location commune des bonnes terres à blé.*

Ce calcul était constant au moment de l'ensemencement; mais c'eût été, Messieurs, vous dire peu de chose, *car beaucoup de cultivateurs pensaient que le blé serait trop clair.* Aujourd'hui je ne peux vous parler encore que de la levée du blé. *Tous ceux qui l'ont vu le trouvent suffisamment épais;* et quant à mon opinion personnelle, je croirais que les lignes, sans avoir plus de semence, *pourraient être à neuf pouces l'une de l'autre, au lieu de six;* ce qui diminuerait la semence d'un tiers encore, et la réduirait à 24 litres pour 37 ares, ou 70 litres par hectare. Mais on observe avec raison que toutes ces économies de semence ne sont pas concluantes, et qu'en définitive, il faut voir la récolte tant en grain qu'en paille, qui est, pour la reproduction du fumier, d'une si grande importance : aussi, Messieurs, je suspends toute opinion jusqu'après la récolte.

M. Hugues doit revenir à Rieux dans le courant d'Avril, pour sarcler le blé et faire un ensemencement de graines de Mars : j'espère que cette fois je serai plus heureux, et que la Société pourra, par ses commissaires, juger elle-même cette importante innovation.

Quel qu'en soit le résultat, nous ne saurions trop reconnaître l'ardeur et le dévoûment avec lequel M. Hugues s'attache à propager une méthode qu'il croit bonne, d'après son expérience de plusieurs années. Il vient de faire, à ses frais, des expériences dans toute la France. J'ai l'honneur, Messieurs, de vous proposer de l'admettre au nombre des correspondans de la Société.

J'ai l'honneur d'être, avec la plus haute considération, Messieurs, votre très-humble et obéissant serviteur et collègue.

Signé DESJOBERT.

DÉPARTEMENT DE LA SOMME.

Lettre de M. de Rainneville à M. Hugues.

Allonville, 22 Décembre 1832.

Je juge par l'itinéraire tracé dans *le Cultivateur*, que vous devez être de retour chez vous. J'espère, Monsieur, qu'un voyage aussi long et aussi pénible dans cette saison, n'aura pas trop fatigué M.me Hugues. Ces dames et moi, après vous avoir chargé de nos respects et complimens pour elle, désirons en recevoir de vous l'affirmation. Notre semaille est en bon état; et j'ai appelé sur votre essai l'attention publique, par deux articles que j'ai fait insérer dans la *Gazette de Picardie*. On commence à s'occuper de cette expérience. Mon dessein est d'y donner une haute importance dans la semaille de Mars. C'est à vous à presser la construction du semoir que vous me destinez, afin qu'il puisse me parvenir vers les premiers jours de Mars. *Je ferai alors ce que vous avez fait vous-même; je l'enverrai fonctionner dans notre province, avec toutes sortes de graines;* c'est le seul moyen d'obtenir un succès important (1). La navigation de Bordeaux avec Saint-Valery et Abbeville, étant un moyen économique de transport, et le canal conduisant à Amiens, vous aurez à examiner s'il ne vaut pas mieux les ex-

---

(1) L'offre généreuse de M. de Rainneville prouve jusqu'à quel point cet agronome, l'un des plus distingués de France, a jugé la propagation de la nouvelle méthode de culture importante; je n'ai donc pu qu'accueillir une pareille offre. M. de Rainneville va en conséquence recevoir le premier semoir qui aura été livré en France.

pédier tout construits sous vos yeux, que d'établir un atelier de construction dans nos contrées. J'ai un homme à ma disposition, capable de tenir votre compte de vente, sous ma responsabilité, pour la sûreté de vos fonds.

J'ai réfléchi aux combinaisons de votre semoir, et je vous engage de peser les observations suivantes :

1.° On sème dans nos pays une assez grande quantité de grains mêlés. Le semoir ayant deux caisses, ne pouvez-vous pas disposer les tuyaux qui conduisent la graine, de manière à pouvoir semer une espèce d'un côté, et une autre de l'autre ? Je sais bien que cela ne serait pas facile par les sept tuyaux à six pouces : mais on y parviendrait, ce me semble, assez facilement pour des semailles à douze pouces (1).

2.° Il est bien important pour la semaille des colzas, navets, carottes, lin, pavots, luzerne, trèfle, sainfoin, que le jeu des petits coûtres conducteurs assure le dépôt de la semence presque à fleur de terre, car la levée serait compromise au-delà d'un pouce. Il l'est également que l'on puisse en enterrer d'autres à trois pouces, pour la garantir, dans les premières semailles du printemps, du bec des corbeaux. Cela est de rigueur pour l'avoine (2).

Du 24 Décembre.

Je reçois votre lettre du 16, et je vous remercie des détails que vous avez la bonté de me donner. Ces dames ont été fort sensibles au bon souvenir de M.me Hugues. Nous sommes charmés d'apprendre qu'elle soit rentrée chez elle en bonne santé.

Je ne peux mieux répondre à votre demande, qu'en vous adressant, par le même courrier, les deux numéros de notre Gazette, où je rends compte de l'opération. Si vous désirez davantage, mandez-le-moi, et je vous l'adresserai de Paris, où je me rends ces jours-ci, et où je recevrai vos lettres, rue de Grenelle Saint-Germain, n.° 117.

Agréez l'assurance, etc.

Signé DE RAINNEVILLE.

Paris, 9 Janvier 1833.

MONSIEUR,

J'ai reçu votre lettre du 4 Janvier, et je suis fort sensible aux témoignages de confiance et d'estime qu'elle contient. Je suis enchanté que vous me livriez votre instrument à la fin de Février. *Je ferai immédiatement une série nombreuse d'expériences qui aideront puissamment à fixer les idées sur son utilité, dans le cours de* 1833.

Je goûte singulièrement l'idée de faire distribuer un engrais en même temps que la semence. Je désire que le semoir que vous me destinez puisse servir à cet usage ; mais en voici un autre que je vous propose et qui me paraît d'une application facile.

Je compte semer des luzernes et des sainfoins à la distance d'un pied : nous amendons ces prairies avec des cendres, du plâtre, du noir animalisé, etc. Ces engrais poudreux étant répandus à la volée, il en résulte qu'une

---

(1) Le semoir exécute tout cela. Il peut semer à la fois sept espèces de grains.

(2) Même observation que la précédente.

très-grande partie tombe dans les intervalles qui séparent les lignes. Il serait mieux de la faire tomber immédiatement par deux ou trois conduits sur les lignes en végétation. On supprimerait simplement les coûtres. Veuillez me dire si mon observation n'est pas juste.

Les godets destinés aux féves pourraient servir à cet usage. Il y aurait à chercher une proportion convenable ; mais avec un peu de tâtonnemens, on y parviendrait (1).

N'hésitez pas à me livrer l'instrument avec son perfectionnement pour répandre l'engrais. Je réponds du succès. Lexpérience est faite ici sur les semailles de betteraves. Je n'ai pas besoin d'attendre le succès chez vous.

Je suis, Monsieur, avec les sentimens, etc.

Signé DE RAINNEVILLE.

Copies de deux articles que M. de Rainneville a fait insérer dans la Gazette de Picardie, *concernant les expériences faites chez lui par le semoir-Hugues.*

PREMIER ARTICLE. — JOURNAL DU 13 NOVEMBRE 1832.

AGRICULTURE.

Expérience du semoir-Hugues.

M. Hugues a fait l'essai du semoir de son invention, le 19 Octobre, à Allonville, en présence de vingt à vingt-cinq cultivateurs qui s'y étaient rendus de plusieurs points de cette province. Il a semé deux petits champs de blé méteil et d'orge, et il a fait passer successivement dans son semoir, sur des toiles que j'avais disposées à cet effet, de l'avoine, du blé chaulé la veille, *gonflé et encore humide;* de la graine de sainfoin, de colza et des haricots. Tous les amateurs présens ont été pleinement satisfaits, et il n'en est aucun qui n'ait manifesté le désir de répéter chez lui cette expérience l'année prochaine.

M. Hugues devant nous envoyer au printemps prochain un de ses instrumens, et ayant même le dessein d'établir un dépôt dans ma commune, en le confiant aux soins d'un de mes gens d'affaires, je serai en mesure de renouveler ces importans essais dans toute l'étendue de cet arrondissement.

Nous sommes *assurés maintenant que le semoir-Hugues est d'une grande solidité ; qu'il sème toutes sortes de graines sans rien changer à l'instrument*, par rayons espacés de six, douze, dix-huit, vingt-quatre et trente-six pouces ; *qu'il place la semence à un, deux, trois et quatre pouces en terre, à volonté ; qu'il répand la semence, herse le sol parfaitement, et qu'il la recouvre de manière à ce qu'un seul grain ne paraisse sur la terre ;* qu'il peut ensemencer à l'aide d'un cheval ordinaire, six à huit journaux par jour. *Tels sont les faits dont nous attestons l'authenticité*, assurés de n'être démentis par aucun des cultivateurs éclairés qui ont assisté à cette expérience, et *qui ont dirigé de leurs mains* le semoir pendant la semaille.

---

(1) Le mécanisme à engrais, adapté au nouveau semoir, ne laisse rien à désirer à cet égard.

Comme il est d'un haut intérêt de multiplier les essais sur les semailles par lignes, nous recommandons le petit semoir-Barreau, à un seul tube, qui ne coûte que 25 fr., qui est ainsi à la portée de toutes les bourses, avec lequel on pourra exécuter aussi toute sorte de semailles par lignes. Convenant aux petits ménagers, il servira néanmoins aux cultivateurs plus aisés, parce que beaucoup d'entr'eux n'oseront acquérir le semoir-Hugues; celui-là servira à constater le bon ou le mauvais effet de ces sortes d'opérations sur les céréales.

Nous savons très-bien que l'avantage des semailles des céréales par lignes est contestée; aussi publierons-nous, dans un prochain numéro, quelques réflexions sur ce sujet. Nous terminons cet article en appelant l'attention des cultivateurs intelligens sur cet objet, et en sollicitant le concours de leur expérience pour parvenir à résoudre le problème. Cette question est grave, car l'adoption de ce mode de semer aurait pour résultat : 1.° *économie de grains employés aux semences, suffisante pour nourrir soixante mille hommes en ce département;* 2.° *économie de trois quarts du travail des chevaux en deux saisons, où le temps est si précieux;* 3.° la suppression des semailles à la main; 4.° enfin, la facilité d'exécuter sur toutes les récoltes un *sarclage parfait*. Nous invitons nos confrères qui auraient des observations à nous communiquer sur cette intéresante matière, à nous les adresser par la voie du bureau de la *Gazette de Picardie*.

Allonville, le 29 Octobre 1832.

Signé DE RAINNEVILLE.

DEUXIÈME ARTICLE. — JOURNAL DU 27 NOVEMBRE 1832.

AGRICULTURE.

Semailles par lignes.

Nous avons rendu compte, dans le numéro du 13 Novembre, de l'essai du semoir-Hugues.

Les grains *sont levés*, et on peut juger déjà de l'effet de ce genre de semaille.

Une première objection qu'ont faite les laboureurs du pays présens à l'expérience, est celle-ci : *le grain sera trop clair*.

(Nous rappellerons ici que l'économie de semence était de plus de moitié).

A la vue du grain levé, *les mêmes témoins ont déclaré qu'il était suffisamment épais*. Ils font maintenant une autre objection : les lignes étant à six pouces et le grain ayant levé presque sans la moindre déviation, il va pousser, disent-ils, de l'herbe dans les intervalles, qui étouffera le blé.

A cela, il faut répondre que les semailles par lignes exigent nécessairement un bon sarclage, et que leur principal avantage est de faciliter cette opération, *et d'en réduire les frais de trois quarts*.

Sans avoir la prétention de décider la question encore controversée de la supériorité des semailles par lignes sur celles à la volée, pour les céréales, je n'hésite pas à dire qu'aucun essai n'est plus important pour l'agriculture de nos pays; et il n'est pas un cultivateur qui ne doive en faire, de son côté, pour en étudier les conséquences.

Nous avons fait une enquête sur les frais de sarclage parfait des céréales, à laquelle ont contribué d'habiles cultivateurs Anglais, Belges et Flamands;

le résultat fut, *que 10 fr. employés en frais de sarclages par arpent, donnaient un accroissement de produits de 20 fr.*

En appliquant ce calcul à la culture des céréales dans notre département, nous découvrons :

1.° Qu'il en coûterait 4 *millions en main d'œuvre* pour y généraliser cette opération;

2.° Que ces 4 millions dépensés en Mars, Avril, Mai et Juin, produiraient un bénéfice *de* 100 *p.* 100 au bout de trois à quatre mois;

3.° Qu'à l'aide des semailles par lignes, la dépense des 4 millions serait réduite de *trois quarts;*

4.° Que suivant toutes les probabilités, le bénéfice demeurerait le même.

Avons-nous tort d'appeler l'attention des cultivateurs sur les essais des semailles par lignes?

Nos mesures sont prises pour porter la lumière sur cette intéressante question, *et nos premières observations tendent à la résoudre en faveur des opérations par les semoirs mécaniques.*

Allonville, 22 Novembre 1832.

Signé DE RAINNEVILLE.

DÉPARTEMENT DE L'AISNE.

Rapport de la Réunion agricole du département de l'Aisne.

PROCÈS-VERBAL DE LA RÉUNION AGRICOLE DU DÉPARTEMENT DE L'AISNE.

Cejourd'hui, vingt-cinq Octobre mil huit cent trente-deux, à midi:

La réunion des agriculteurs convoqués par M. le Préfet du département et par M. le général baron de Galbois, membres de la société centrale d'agriculture, a eu lieu au faubourg de Vaux, sous Laon, à l'effet d'assister à l'expérience du semoir inventé par M. Hugues, avocat près la Cour royale de Bordeaux, qui lui-même s'est livré à l'essai, en présence de MM. le baron de Galbois, commandant le département; Théodore Geslin, demeurant à Beaurepaire; Bauchart, demeurant à Laon; MM. Bauchard, de Ferrière, et de Laferté Chevusés; V. Brotonne, de Clermont; Malezieux-Briquet, maire de Crepy; Moret, de Gizy; Laurent, de Beaurieux; Pottelain, de Rougemont; Viebille, de Chery; Vivaise, de Crepy; Courtefois, de Presles-Thierry; Lecat, maître de poste à Vaux sous Laon, et d'un concours assez nombreux d'amateurs de l'art agricole.

L'expérience a eu lieu sur un terrain appartenant à M. Lecat. Après les essais faits sur cette terre, dont la moitié a été ensemencée avec le semoir nouveau, et l'autre moitié doit être enfoncée à la charrue par le propriétaire, afin d'établir plus tard un point de comparaison, les agriculteurs se sont réunis en commission pour délibérer sur ladite expérience, sous la présidence de M. le général Galbois; M. Lecoinie, chef du bureau du secrétariat-général de la préfecture, a été désigné comme secrétaire.

La commission a reconnu que le terrain était d'une bonne qualité, mais qu'il y *manquait un labour,* d'après l'usage du pays, *pour le dégager de ses herbes;* qu'il a été employé pour la semence, au moyen de l'instrument, moitié moins de grains que la quantité dont le propriétaire se propose de faire l'emploi dans l'autre partie; que *quinze ares* de terrain ont été ensemencés en moins *d'une demi-heure*, par le semoir de M. Hugues, lequel *fonctionne très-bien*, et n'est traîné que par un seul cheval et conduit par deux hommes. Enfin, la commission a reconnu que le nouvel instrument *offrait économie de temps, de bras, de chevaux et de semence; qu'aucun des instrumens de même nature, connu jusqu'ici, ne présentait d'aussi grands avantages, sous tous les rapports, tant sous celui de la construction que sous celui de l'entretien.*

La commission s'est ajournée au mois d'Avril prochain, époque à laquelle M. Hugues se propose de revenir à Laon, à l'effet de faire usage, sur la terre qu'il a ensemencée, d'un sarcloir de son invention; et les membres se sont engagés à surveiller jusque-là, avec attention, la végétation des deux portions de terrains, afin d'être à même de faire un rapport sur les résultats de cette expérience.

Avant de se séparer, la commission croit devoir également consigner au procès-verbal une observation résultant de l'essai dont il s'agit, c'est-à-dire, *qu'elle reconnaît, par suite d'expériences successives, que l'instrument de M. Hugues doit être extrêmement avantageux pour la semence des graines oléagineuses et fourragères.*

A l'époque de la maturité des grains, la commission se réunira pour consigner dans un rapport le résultat des comparaisons auxquelles les deux portions de terrain pourront donner lieu.

Fait à Vaux sous Laon, ledit jour 25 Octobre, trois heures après-midi.

(*Suivent les signatures*).

Pour copie conforme :

Le Président de la commission,

Signé baron GALBOIS.

DÉPARTEMENT DE LA MARNE,

CANTON ET ARRONDISSEMENT DE SAINTE-MÉNÉHOULD, COMMUNE DE VOILEMONT.

Rapport de M. Godart, maire à Voilemont, près Sainte-Ménéhould.

Cejourd'hui, 26.e jour du mois de Décembre 1832, nous soussignés, Claude Godart, maire; Thiery Michel, adjoint; Grélois, Vite Cessus, Claude Cessus, Lambert Prin, Lambert Thiéry, Thiéry Lambert, tous propriétaires-cultivateurs et membres du conseil municipal de la commune de Voilemont; Pierre Godart, cultivateur; Maucourt fils, cultivateur principal; Nicolas dit Langlois, Thénault, Maucourt Tilloy, aussi cultivateurs; Didier, Vite Remy, Pierre Deforge, J. B. Remy, Louis Deforge, Jean-Pierre Gaillet, Maucouraut et autres, tous habitans audit Voilemont;

Certifions que M. Hugues, de Bordeaux, s'est rendu dans notre commune de Voilemont le 27 du mois d'Octobre dernier, avec sa voiture et son semoir, chez M. Godart, maire de ladite commune: que le semoir, monté en présence d'un grand nombre d'habitans, leur a *paru simple et solide tant à l'intérieur qu'à l'extérieur*, et qu'il a été conduit au champ comme un petit chariot.

Arrivé sur le champ d'expérience appartenant à M. Godart, M. Hugues, agronome infatigable et plein de zèle, a fait, en notre présence, fonctionner son semoir, traîné *très-facilement* par un cheval : en onze minutes il a ensemencé en blé la moitié de la pièce de terre destinée à l'expérience, contenant 11 verges, mesure locale (ou 4 ares 64 centiares), avec 5 litres et demi de blé. L'autre moitié de la pièce, semée à l'instant même, selon la méthode ordinaire, a employé 8 litres. L'instrument *sème à l'alignement avec une parfaite régularité* et d'un seul trait, sept rangs *tracés et recouverts à la fois*, à six pouces de distance les uns des autres ; *il sème ou ne sème pas, à volonté*. Quoiqu'en action et les trémies pleines de graines, le conducteur n'a qu'à presser un bouton pour le faire semer ou arrêter la semence ; d'où il résulte un grand avantage pour l'économie de la semence et la célérité du travail. Sans rien changer, ajouter ni supprimer à l'instrument, on peut semer successivement, à volonté, *plus ou moins dru et plus ou moins profond en terre*, le froment, le seigle, l'orge, l'avoine, le chenevis, la lentille, les gravières, les pois, le sarrazin, la luzerne, le sainfoin, le trèfle, le colza, la navette, le pavot, etc.; l'on peut facilement semer 5 arpens par jour (2 hectares 1/8) ; *déclarons en outre que depuis la levée du blé semé avec le semoir, nous nous sommes plusieurs fois rendus sur le champ d'expérience, où nous avons trouvé le blé de toute beauté, ensemencé en lignes espacées de six pouces, placé régulièrement sur les lignes et offrant le plus beau coup-d'œil; la distribution est telle, que l'on dirait que le grain a été placé à la main*. Quoique M. Hugues n'ait employé que la moitié de la semence que nous répandons d'après notre méthode ordinaire, nous déclarons que le semis est bien assez épais, et que s'il eût été semé un mois plus tôt, au 25 Septembre, quatre litres et demi auraient suffi ; c'est-à-dire, que 45 litres ensemenceraient un de nos arpens, qui se composent chacun de 42 ares 20 centiares ; tandis que nous employons pour ce même arpent de 90 à 100 litres. Cette nouvelle méthode de culture procure donc un grand avantage.

M. Hugues, dont on ne saurait assez louer le désintéressement et le zèle pour le bien public, nous a promis de venir au printemps visiter le champ qu'il a semé, et qu'il sarclera avec un instrument aussi de son invention.

De tout quoi nous avons fait et dressé le présent procès-verbal à Voilemont, les jour, mois et an ci-dessus.

(*Suivent les signatures*).

Vu par nous Sous-Préfet de l'arrondissement de Sainte-Ménéhould, le 5 Janvier 1833.

Signé BECQUEY.

DÉPARTEMENT DE LA MEUSE.

Rapport de la Société d'agriculture du département de la Meuse.

PROCÈS-VERBAL DE L'EXPÉRIENCE DU SEMOIR DE M. HUGUES.

L'an mil huit cent trente-deux, le vingt-neuf Octobre, en présence de

MM. Comény, maître de poste à Void; Huguet, maître de poste à Bar-le-Duc; Simoni, propriétaire à Montier sur Saulx, tous les trois membres de la société d'agriculture; Briot, maître de poste à Ligny; Martel, propriétaire à Bouc; Bourgeois de Ménil, propriétaire à Martincou; Doé frères, maîtres de forges à Chamouillet; de Germay, propriétaire à Ligny, et plusieurs autres propriétaires et cultivateurs du même lieu, a eu lieu par un beau temps l'expérience du semoir de M. Hugues, propriétaire-agronome, demeurant à Bordeaux, département de la Gironde.

Le terrain désigné pour cette opération, appartenant à M. Lesemelier, président de la Société d'agriculture (alors absent), et situé au lieu dit *entre les prés*, sous la grange aux champs, *avait reçu la veille une fumure de grand fumier de bergerie*, avait été labouré, immédiatement hersé et roulé : il a été reconnu que ce sol, provenant d'anciens prés, est d'une qualité extrêmement légère et n'ayant point de consistance, motifs qui, joints à l'époque tardive de cette semaille, font craindre que le blé ne pouvant être fortement enraciné pour l'hiver, il ne souffre beaucoup des gelées et dégels consécutifs. L'arrivée devancée de M. Hugues n'a pas permis de faire choix d'un terrain *plus favorable*.

Le champ mesuré en présence des soussignés, a été reconnu avoir la contenance de vingt ares, lequel a été partagé en deux, pour, chaque portion de dix ares, être cultivée simultanément, l'une à la façon accoutumée du pays, et l'autre avec le semoir de M. Hugues.

L'opération du semoir, qui consiste à semer le blé en rayons de six pouces d'écartement et chaque grain espacé d'environ quatre pouces, et de herser en même temps, a duré quarante minutes; mais on a remarqué avec juste raison que la durée de cette opération pouvait être réduite à vingt-cinq, tant à cause des observations continuelles qu'on adressait à l'inventeur, que par le changement des assistans qui voulaient tour-à-tour tenir l'instrument. Les soussignés observent également, que si les rayons ne sont pas parfaitement alignés entr'eux, cela provient de ces différens changemens de mains, et surtout de ce que l'on a prié M. Hugues de détacher la limonière de l'instrument, laquelle est de toute nécessité pour le fixer contre les flancs du cheval et empêcher que la machine ne cède trop facilement aux divers mouvemens du terrain.

Onze litres de blé chaulé par immersion, ont été employés pour semer les dix ares de terre.

Les soussignés ont été très-satisfaits de la manière dont la machine a fonctionné, et principalement lorsqu'après cet essai ils se sont transportés sur un terain TRÈS-PIERREUX, *et dans lequel des pommes de terre avaient été arrachées nouvellement, et qu'ils ont pu se convaincre qu'elle allait encore mieux que dans une terre si meuble.*

Le semeur de la maison a mis quarante minutes pour semer et herser la contre-partie; il a été employé vingt litres de semence pareille, mais il est à propos d'observer que le semeur, sachant que cette terre mange la semence, comme on dit vulgairement, a suivi la méthode accoutumée, qui est de jeter plus de semence que dans les autres terres.

Fait à Ligny, le 29 Octobre 1832, et ont signé : *Comény, Huguet, Simoni, Briot, Martel, Bourgeois de Ménil, Doé frères, de Germay.*

Pour expédition certifiée conforme et véritable par nous, juge de paix du canton de Ligny, arrondissement de Bar-le-Duc, département de la Meuse.

Ce 30 Décembre 1832. *Signé* LESEMELIER.

Nous soussigné, Philippe Lesemelier, juge de paix et président de la Société d'agriculture du département de la Meuse, déclarons nous être cejourd'hui, 31 Décembre, transporté sur le terrain ensemencé le 29 Octobre par l'opération du semoir de M. Hugues ; avoir reconnu ce qui est dit au procès-verbal ci-dessus, relativement aux directions déviées de quelques rayons, *tous les autres étant parfaitement droits; avons reconnu que le blé est parfaitement levé et d'un très-beau vert;* qu'une petite partie de terrain est tourmentée par les taupes ; *que c'est par erreur que l'on a dit que chaque grain se trouvait espacé de quatre pouces; ils sont très-rapprochés les uns des autres, mais l'éloignement de chaque rayon laisse à chaque grain le moyen de se développer et de pouvoir former de beaux palmiers;* il est à présumer que le blé s'écoule du semoir plus rapidement que des pois, haricots, etc., qui, étant plus gros, se trouvent plus espacés.

Ligny, ce 31 Décembre 1832.

Signé LESEMELIER.

DÉPARTEMENT DE LA MEURTHE.

Rapport de la Société d'Agriculture de Toul.

Toul (Meurthe), le 15 Janvier 1833.

MONSIEUR,

J'ai l'honneur de vous adresser le procès-verbal demandé par votre lettre du 19 Décembre, du résultat de l'essai fait à Toul, de votre semoir. J'ai été bien contrarié de n'avoir pu vous l'envoyer plus tôt ; je désire qu'il vous satisfasse, et que votre généreuse entreprise soit couronnée d'un plein succès, que j'apprendrai avec autant de plaisir que j'en éprouve à vous assurer de mon entier dévoûment.

Le Président de la Société d'Agriculture,

Signé LIOUVILLE.

Extrait du registre des délibérations de la Société d'agriculture de l'arrondissement de Toul, séant en ladite ville (Meurthe).

Séance du 9 Décembre 1832.

Il a été ensuite fait un rapport sur un semis comparatif, fait le 30 Octobre dernier, sur deux terres différentes du ban de Toul, par M. Hugues, avocat près la Cour royale de Bordeaux, et propriétaire à Pessac, qui, avec un semoir de son invention, a semé en ligne moitié environ de ces deux terres, tandis que l'autre moitié à-peu-près l'a été à la volée, suivant l'usage presque universel du pays Toulois ; d'où est résulté en faveur du procédé de M. Hugues une économie de près de moitié de la semence. Après la lecture, il a été décidé que ce rapport restera aux archives, pour y avoir recours au besoin.

Rapport sur le Semoir de M. Hugues, de Pessac, fait à la Société d'agriculture de l'arrondissement de Toul (Meurthe), dans sa séance du 9 Décembre 1832, par son Secrétaire.

MESSIEURS,

Vous avez été prévenus, dans les derniers jours du mois d'Octobre dernier, de l'arrivée prochaine en cette ville de M. Hugues, avocat à la Cour royale de Bordeaux, et propriétaire, demeurant à Pessac, préfecture de la Gironde, inventeur d'un semoir dont il se proposait de faire l'épreuve en votre présence.

Le 30 dudit mois d'Octobre, ceux de MM. les membres de la Société qui habitent Toul ont été avertis, à neuf heures du matin, qu'à midi M. Hugues opérerait au canton des Embanit, ban de cette ville, et ont été invités de s'y transporter.

Ceux de ces Messieurs qui n'étaient pas absens ou empêchés, se sont empressés de se rendre à cette invitation, ainsi que plusieurs habitans et cultivateurs notables de cette ville, qui ont été informés de cette réunion.

MM. les membres qui ont pu s'y trouver, étaient MM. Courcellet, sous-préfet, président; Vigneron, vice-président; Liouville, président; Gouvion, Poirson, Potier, Carez, Nollet, Dubois, Robert, et Drouot, sécrétaire.

Première Épreuve.

La terre sur laquelle on allait opérer, est, comme on l'a dit, au-dessus des Embanit, ban de Toul; contient vingt-trois ares cinquante-six centiares, et appartient à M. Poirson, l'un de vos membres. Elle a produit du blé cette année, et venait seulement d'être labourée et hersée un moment avant la réunion. *Elle était fraîche, en mottes; et de plus, remplie de chiendent.* A midi un quart, par un beau temps, l'expérience a commencé.

Le sillon exposé au sud, qui avait été présenté à M. Hugues, contient dix ares soixante centiares, et celui au nord, destiné au semis à la volée, contient douze ares quatre-vingt-seize centiares.

La trémie du semoir avait été remplie de douze litres de blé de semence, qui ont suffi au semis en ligne, sur le premier sillon que M. Hugues a exécuté avec son semoir à sept tubes, dans l'espace de quinze minutes, en présence de l'assemblée. Ce semoir, dont nous avons la description dans la Feuille de la Préfecture de la Gironde, du Dimanche 26 Août dernier, était traîné par un cheval, et guidé par un jeune homme.

Le rayon du nord a ensuite été semé à toute volée, suivant l'usage du pays, par le fils du propriétaire, et a exigé vingt-cinq litres de semence.

La terre, de nature *argilo-siliceuse*, *était*, nous devons le dire, *en mauvais état*, pour des essais comparés de semis en blé, qui demande les préparations que tous les agronomes connaissent. *L'inventeur n'a pas du tout été rebuté de ce contre-temps*, dont les chances étaient égales, pour l'une et l'autre épreuve, sur le même terrain.

Deuxième Epreuve.

Il a ensuite été invité à se transporter dans une autre partie du ban de Toul, sur une petite terre, située à la corvée de la vacherie, qu'on assurait être en meilleur état que celle dont on vient de vous entretenir; ce qui a eu lieu en présence des mêmes personnes. Rendus sur ce terrain, appartenant à M. Albert, notaire, voisin du chemin, et contenant quatre ares trente-cinq centiares, il a été procédé à sa division, en deux parties presque égales.

Celle qui est du côté de la vacherie, a été destinée au semis en ligne, et contient deux ares treize centiares; l'autre, qui touche au chemin, l'a été au semis à toute volée, et contient deux ares vingt-deux centiares.

Le semis en ligne, exécuté par M. Hugues, et d'après les mêmes procédés, a commencé à deux heures et demie, a exigé deux litres trois quarts de semence, a été terminé au bout de dix minutes; l'autre semis, suivant l'usage existant, a comporté cinq litres.

Le fonds du sol est d'argile, mêlé de terre franche et de silice; il avait été cultivé trois semaines auparavant, à la bêche; était en bon état, *quoiqu'avec des mottes restées* assez *grosses*, et sans aucune herbe. L'opération a paru à tout le monde plus facile, et par conséquent mieux exécutée que la première; et porte à croire que, s'il n'y a pas de contre-temps, les produits qu'on en retirera pourront aider à obtenir la solution que l'on cherche.

Ces différentes opérations terminées, M. Hugues, inventeur d'une autre machine, dite *sarcloir*, a promis qu'au printemps prochain, dans un autre voyage qu'il se propose de faire dans toute la France, il se munira de ce sarcloir, pour l'employer, le faire fonctionner, et prouver, par-là, la bonté et le complément de son nouveau système.

Tels sont les faits que MM. les membres de la Société, sus nommés, auxquels j'ai eu l'avantage de me réunir dans cette circonstance, m'ont chargé de consigner par écrit et de vous en faire le rapport.

Pour extrait et copies conformes:

LIOUVILLE, *Président.*

DROUOT, *Secrétaire.*

DÉPARTEMENT DES VOSGES.

Lettre de M. Olry à M. Hugues.

Paris, le 3 Février 1833.

MONSIEUR,

Je n'ai pas répondu de suite à votre lettre du mois dernier, qui m'était adressée à Vandeléville, parce que depuis plus de six semaines je l'avais quitté, et n'y retournerai qu'à la fin de Février. Il y a donc peu de temps que je l'ai reçue, et je vous garantis qu'elle m'a fait bien plaisir.

Je ne suis nullement surpris des succès que vous avez obtenus dans la grande tournée que vous venez de faire. Quand on a pris connaissance de votre semoir et qu'on l'a vu fonctionner, on ne peut raisonnablement douter de la réussite. Oui, Monsieur, cela me donne l'espoir, d'après les connaissances, les lumières et l'activité que je vous connais, que vous parviendrez à déraciner ces vieux préjugés d'agriculture, et qu'une grande révolution ne tardera pas à s'opérer dans cette partie. Déjà on ne peut se dissimuler qu'elle n'ait fait de sensibles progrès dans certaines localités, surtout dans celles où on a établi des fermes-modèles. Nous avons encore bien des préjugés à détruire, tels que les jachères, etc., etc. Pour atteindre le but qu'on se propose, il faudra encore du temps pour y parvenir; mais je regarde déjà comme une chose bien essentielle et comme une difficulté vaincue, celle de l'invention de votre semoir et sarcloir; le premier, comme présentant une grande économie sur la semence, puisqu'avec cet instrument on en économise au moins les deux tiers; et avec l'autre, on parvient à extirper les mauvaises herbes et donner aux plantes une excellente culture, et par conséquent une végétation plus forte et meilleure. Je suis d'autant plus partisan de ce système, que sans m'en douter j'en ai fait l'heureuse expérience.

Voici ce qui m'est arrivé:

Dans le courant du mois de Mai dernier, je fis semer en luzerne 60 ares de terrain que j'avais eu bien soin de faire cultiver à la bêche; au bout de quinze jours environ, ne voulant pas trop étouffer ma luzerne, je n'y fis semer que la cinquième partie d'orge qu'on emploie ordinairement. Au bout de trois semaines, m'apercevant que mon orge et ma luzerne levaient très-bien, mais aussi que la mauvaise herbe y croissait en abondance, j'employai de suite quatre femmes, pendant huit jours, à extirper et détruire la mauvaise herbe, leur recommandant très-expressément de ménager la luzerne et de faire peu d'attention à l'orge. Au bout de trois semaines, la mauvaise herbe paraissant de nouveau, je fus obligé de renouveler la même opération, que je fis recommencer une troisième fois.

Après trois rebinages aussi forts, et surtout ne ménageant pas l'orge, je ne devais compter que sur une minime récolte; mais quel fut mon étonnement lorsque, quelque temps après mes trois rebinages, je vis mon orge pousser avec plus de vigueur et trocher prodigieusement, et tellement fort, que ce même terrain de 60 ares m'a produit un tiers de grain de plus qu'un terrain de 85 ares au bout du premier, qui a été semé avec la pareille semence, par le même homme, et qui a employé quatre cinquièmes de semence en plus; et le grain qu'il a rapporté n'était ni aussi beau, ni si bien nourri que celui des 60 ares.

L'effet de cette expérience, à laquelle je ne m'attendais nullement, est tellement extraordinaire, que pas un de nos cultivateurs, pas même celui qui l'a semé, n'auraient voulu y croire, si je ne lui eusse assuré qu'il n'y en avait pas d'autre que celui qu'il avait semé; voilà un fait qui est constant et dont je garantis la plus exacte vérité. D'après cela, il ne m'a pas été difficile de penser et de juger que je ne devais la réussite de ce champ d'orge qu'au binage réitéré, et même triple, que je lui avais fait faire. Dès cet instant, et pour avoir plus de facilité et d'économie pour sarcler et rebiner mes champs, je pris la ferme résolution de ne plus faire semer mes grains à la volée, *mais bien en lignes, et assez éloignées l'une de l'autre* pour qu'une personne puisse passer entre, pour sarcler et rebiner les champs ensemencés. Je me proposais d'employer ce moyen jusqu'à ce que j'aie pu découvrir quelqu'instrument propre à abréger cette besogne, et surtout de la faire faire plus économiquement. C'est quelques jours après ma détermination prise, que je reçus de la Société des progrès agricoles le rapport que vous lui aviez fait sur l'invention de votre semoir et sarcloir; jugez si j'en dus être content et satisfait. Je le suis d'autant plus, qu'il abonde dans mon sens et dans mon opinion; et je suis convaincu que, quand on en connaîtra les effets, tout le monde l'emploîra. Déjà l'automne dernier j'ai fait semer mon blé en lignes, et tous les manœuvres de mon pays auraient suivi mon exemple, si je n'avais pas tardé à faire mes semailles, parce que déjà ils sont convaincus que ce système ne peut manquer de réussir, et même avec une grande économie pour la semence, même sans votre semoir. Que sera-ce donc quand on l'emploîra? Déjà j'ai convaincu ceux qui m'ont vu opérer, qu'il y a une grande économie à semer en ligne. J'attends avec grande impatience le printemps et l'été, pour leur démontrer que les blés semés en lignes *seront plus beaux et rapporteront davantage que ceux semés à la volée.*

Que je regrette donc que, quand vous m'avez fait l'honneur de me visiter, nous ayions été assez malheureux pour ne pouvoir faire fonctionner votre semoir par le temps affreux qu'il faisait! Beaucoup d'agronomes seraient venus nous voir opérer, *mais il faisait tellement mauvais, qu'il était impossible de sortir.*

La petite opération que vous avez faite dans ma grange a fait bon effet et a suffi pour démontrer combien votre semoir était bien inventé et bien organisé, et combien il pourrait être utile à l'agriculture. C'est sur ce qui en a été dit, qu'un grand nombre d'agronomes sont venus me prier avec instance de les prévenir, quand au printemps prochain vous viendriez chez moi, afin d'assister à vos opérations : si donc je suis averti assez à temps, et que vous puissiez me donner un jour entier, nous aurons beaucoup d'amateurs, et je suis très-persuadé que cela fera un très-bon effet dans notre canton...... Oui, Monsieur, avec votre semoir et sarcloir, avant peu on parviendra à déraciner cette vieille routine séculaire. On ne pourra se refuser à l'évidence; et une fois convaincu, chacun recherchera ce qui rapportera le plus.

Est-il plus avantageux de *semer en lignes qu'à la volée?* voilà le point de la question. Pour moi, ce n'est plus un problême, c'est une chose résolue. Je dis qu'il est plus avantageux de semer en lignes, pour plusieurs raisons : la première, est une grande économie de semence; la deuxième, c'est que les grains semés en lignes sont plus faciles à rebiner et sarcler, et conséquemment doivent produire davantage. Ceux, au contraire, semés à la volée, ne pouvant jamais être bien nettoyés sans de très-grandes dépenses et beaucoup de temps, ne peuvent donc autant rapporter ni être si beaux que ceux semés en lignes (1).

---

(1) Les controverses qui se sont élevées jusqu'ici sur cette question, ainsi que sur celle de savoir si l'on doit chercher à faire des économies sur la semence, disparaîtront, selon moi, du moment que l'on aura trouvé le moyen de semer en lignes plus ou moins espacées à volonté; de répandre les grains plus ou moins épais, aussi à volonté, et de le placer surtout, d'une manière invariable, à la profondeur la plus convenable à chaque espèce de terre. Remarquons, en effet, que les semailles en lignes donnant la facilité de parvenir au sarclage le plus parfait, il est constant qu'elles procurent du plus beau grain et en plus grande quantité que les semailles faites à la volée, et qu'on ne pourrait reprocher aux premières qu'une moins grande production en paille.

Or, je soutiens que ce déficit ne peut provenir ou que d'un trop grand espacement entre les lignes, ou de ce que les semoirs connus jusqu'à ce jour, n'ont pu encore répandre le grain plus ou moins épais à volonté, ou ne l'ont pas répandu avec assez de régularité; d'où il est résulté des places vides ou clair-semées; du moment donc que l'on aura trouvé un instrument avec lequel on pourra placer à volonté les lignes à 10, 8 ou 6 pouces d'écartement, et répandre, en outre, la semence avec une parfaite

Telle est, Monsieur, en résumé, ma manière de voir et de penser sur l'invention de votre semoir et sarcloir, et sur les effets qu'ils doivent pro-

---

régularité, plus ou moins épaisse, selon les circonstances, je dis qu'il est impossible qu'alors on ait à se plaindre d'un déficit dans le produit en paille; et, je dis même plus : je soutiens qu'alors l'on obtiendra, quand on voudra, plus de paille par les semailles en lignes que par celles à la volée, par la raison que l'on pourra garnir le champ aussi épais que l'on voudra, et que les plantes semées en lignes et rigoureusement sarclées, prendront toujours plus de développement que celles semées à la volée.

Au reste, en supposant même, ce qui n'est pas, que le déficit en paille subsistât toujours dans les semailles en lignes, je ne sais pas jusqu'à quel point ceux qui reprochent ce déficit, auraient raison à soutenir encore que les semailles à la volée sont préférables à celles en lignes.

En effet, une expérience constante démontre qu'un champ semé à l'alignement et sarclé avec soin, occasionne beaucoup moins de frais que celui traité à la méthode ordinaire, et produit, en outre, au moins un quart de plus de grains, et de grains d'une qualité supérieure. Prenons pour terme de comparaison deux champs d'un hectare chaque; supposons que le champ semé à la volée aura produit 18 hectolitres froment et 40 quintaux de paille, et prenons pour bases de nos calculs les rapports de nos expériences.

CHAMP SEMÉ A LA VOLÉE.		
Il aura produit 18 hect. à 20 fr.		360 fr.
40 quint. de paille, à 2 fr. le q.al		80
Total....		440 fr.
FRAIS A DÉDUIRE.		
Semence d'un hectare, 1 hectolit. et ½	30 fr.	57 fr.
Frais d'ensemencement...	3	
Sarclages d'un hectare....	24	
Produit net......		387 fr.

CHAMP SEMÉ EN LIGNES.		
Il aura prod. 22 hect. ½, à 20 fr.		450 fr. » c.
30 quint. de paille, à 2 fr.		60 »
Total...		510 fr. » c.
FRAIS A DÉDUIRE.		
Semence d'un hectare, ½ hectolitre..	10 fr. » c.	15 fr. 25 c.
Frais d'ens...	1 50	
Sarcl. d'un h.	3 75	
Produit net......		494 fr. 75 c.

Différence, 111 fr. 75 c. Maintenant la question est de savoir si l'inconvénient qui résulte pour les engrais du déficit du quart en paille, n'est pas compensé, et dix fois au-delà, par l'avantage 1.° de l'économie des deux tiers dans les frais, et 2.° d'un tiers de plus de revenus, surtout lorsque ces deux avantages procureront les moyens de multiplier les engrais de toute autre manière que par la paille (Voir mes *Observations* à cet égard), quand ce ne serait que par l'enfouissement en vert du sarrazin ou de toute autre plante.

Quant à la question de l'économie de la semence, j'ajouterai qu'avec un instrument enterrant le grain avec une parfaite régularité, à la profondeur voulue, il est facile de prouver qu'on peut toujours économiser les deux tiers de la semence, sans que le champ soit pour cela moins garni qu'avec les deux tiers de plus de semence répandue à la volée.

En effet, à la volée, un tiers du grain ne se trouvant pas suffisamment enterré, germe mal, ou est dévoré par les oiseaux et les insectes; un autre tiers trop enterré, ou sous des mottes ou des pierres, ne peut se faire jour, ou s'il parvient à percer, il est tellement faible, par l'effort qu'il a été obligé de faire, qu'il n'a pas la force de résister au froid ou à l'intempérie des saisons; il n'en reste donc qu'un tiers placé convenablement pour végéter.

Ainsi donc, l'instrument qui placera avec une parfaite régularité tout le grain à une même profondeur en terre, pourra par cela même économiser les deux tiers de la semence, sans pour cela que le champ par la suite et au moment de la récolte, offre moins de plantes qu'un autre champ semé à la volée, et où l'on aura employé les deux tiers de plus de semence.

Les faits viennent, au surplus, à l'appui de ce que j'avance.

Tout le monde sait qu'un épi de blé contient plus de 30 grains, terme moyen; on duire. N'oubliez pas, je vous prie, que vous m'avez promis un semoir et un sarcloir pour le mois de Septembre prochain.

J'ai l'honneur d'être, avec la plus parfaite considération, Monsieur, votre très-humble et très-dévoué serviteur.

Signé OLRY.

DÉPARTEMENT DU DOUBS.

Rapport de M. Jacques Martin de Busy, près Besançon, membre correspondant de la Société des progrès agricoles.

> Toute la vérité, rien que la vérité : c'est par des expériences bien constatées que l'agriculture fera des progrès et que l'on détruira la routine invétérée.

Lorsque dans le journal des progrès agricoles, parut l'intéressant rapport de M. Hugues, avocat à la Cour royale de Bordeaux, relatif au semoir et sarcloir mécaniques, que son génie inventif à su porter à un si haut degré de perfection, je m'empressai de réclamer l'avantage d'être compris dans son itinéraire, espérant bien qu'il ne dédaignerait pas de descendre chez un cultivateur. Mais lorsque j'eus reçu l'avis qu'il passerait dans ma commune à Busy (près Besançon), mes semailles venaient d'être terminées. Conséquemment, il fallait préparer un terrain convenable à cette emblavure. Je fis à cet effet labourer *une luzernière*, qui sans cette circonstance n'aurait été défrichée qu'au printemps. M. Hugues m'avait annoncé son arrivée pour le 6 Novembre. *Les jours qui le précédèrent furent si mauvais, qu'une pluie continue m'empêcha de donner au champ toutes les préparations convenables.*

La terre, d'une nature franche, bonne, mais cependant *plus forte* que meuble, *gâchée par la pluie, les racines de luzerne renversées par l'effet du labour, nuisaient aux fonctions de l'instrument, donnaient beaucoup de tirage au cheval,* et pour cette raison M. Hugues ne sema que sur quatre lignes, et répéta l'opération ; ce qui sera sans doute cause que les lignes ne seront pas à une distance fort égale : cela ne peut être un inconvénient bien grave, attendu que le sarcloir de M. Hugues est poussé par une personne (devant elle), et embrasse toujours la ligne de céréales, sarcle de chaque côté, quelle qu'en soit la distance. La moitié du champ a été semée à la volée, suivant l'usage ordinaire, et la contre-partie avec le semoir mécanique, pour laquelle on n'a employé que le tiers de la semence.

---

sait également qu'un pied de blé donne au moins 2 ou 3 épis. En ne donnant que 2 épis à 30 grains, on devrait donc récolter au moins 60 pour un, et on récolte le plus ordinairement de 10 à 15 pour un ; il faut donc rigoureusement en conclure que les 3/4 de la semence se perdent, et elle ne peut se perdre que de la manière que nous venons d'indiquer ; le rapport de M. Desjobert à la Société d'agriculture de Rouen le prouve ; car il constate qu'après une forte pluie il s'est rendu sur le champ semé au semoir, où il n'a pu découvrir *un seul grain*, tandis que sur les autres pièces semées à la volée, *le tiers* de la semence se trouvait à nu sur la terre.

Nonobstant le mauvais état du champ, la semence a été assez bien enterrée et recouverte.

Je suis persuadé que cette machine *peut fonctionner sur toute sorte de terre, soit forte, tenace, graveleuse, rapide et en pente*, avec les préparations convenables; surtout en se servant de la herse mécanique, ou (peigne-machon), instrument dont je me sers dans mes cultures avec avantage.

Il serait toujours nécessaire de saisir le moment le plus favorable à l'état de la terre : qu'elle ne soit ni trop sèche, ni trop humide. Il m'a paru que si les chaînes qui sont accrochées après l'instrument, et qui servent à recouvrir les semences, étaient garnies de petites dents de fer acérées, en forme de dent de loup, les graines seraient mieux recouvertes encore, surtout dans les terres fortes et rocailleuses.

La grande roue principale du semoir, tournant avec son axe, transmet également, et dans la même proportion, les graines de semence placées dans la trémie, et qui, par le mouvement de rotation, s'introduisent dans les coûtres creux ou tubes, pour tomber ensuite dans les sillons, à la profondeur que l'on veut, en pressant plus ou moins sur les manches de la machine; de manière qu'il n'importe que le cheval marche plus ou moins vîte, il tombe toujours la même quantité de semence. *Le semoir de M. Hugues étant d'une construction solide, peu susceptible de se détraquer, peut être confié à toutes sortes de mains;* pourvu toutefois que le cheval soit bien conduit, et dirigé le plus perpendiculairement possible, avec l'attention surtout de retourner et de placer juste l'instrument en recommençant les sillons.

Par ce procédé ingénieux, *point de semence de perdue: placées en lignes à la profondeur convenable, en contact l'une de l'autre, elles se communiquent la matière glutineuse, se provoquent mutuellement à un prompt et vigoureux développement de la germination, en influant sans nul doute sur l'accroissement futur.*

En semant à la volée, combien de semences perdues; *celles qui sont jetées sur les lisières des terrains voisins, celles qui sont recouvertes par de grosses mottes ou pierres, qui, étant étouffées, ne peuvent germer; d'autres n'étant pas recouvertes, sont entraînées par les eaux pluviales, servent de pâture aux oiseaux de passage et aux limaçons, qui, se traînant sur la surface du sol, font quelquefois de si grands ravages, que les cultivateurs sont obligés de semer de nouveau.*

Mais c'est le sarcloir, le sarcloir, surtout, qui doit puissamment contribuer à une plus grande production.

De toutes les opérations agricoles, *je la crois la plus avantageuse;* en vain fumerait-on, laboureraït-on bien les champs pour la culture du maïs, des pommes de terre, du colza, enfin de toutes les graines qui en permettent l'usage, leur produit ne serait pas de moitié sans les sarclages.

Il est hors de doute que les productions des céréales et cultures fourrageuses seraient beaucoup plus abondantes, si l'on parvenait à les soumettre à l'action des sarclages, par le moyen facile de semer par sillons.

Nonobstant un plus grand produit de la récolte sarclée, ainsi que la destruction des herbes parasites, la terre ainsi remuée, absorbe de l'air les principes fertilisans, desquels il résulte une amélioration sensible, qui assure une plus grande production pour les récoltes subséquentes.

Honneur à M. Hugues, au vertueux citoyen dont la vaste entreprise est toute philantropique, et pour qui l'idée d'une postérité reconnaissante est la plus belle couronne qui puisse flatter sa sensibilité !

Signé Jacques MARTIN, de Busy, près Besançon, membre correspondant de la Société des progrès agricoles.

DÉPARTEMENT DU RHONE.

Lettre de M. Charles Gariot, adressée à M. Hugues.

Francheville, 27 Décembre 1832.

Monsieur,

J'ai reçu la lettre que vous m'avez fait l'honneur de m'écrire de Bordeaux, le 9 Décembre courant. Je suis heureux de penser que vous êtes arrivé en santé et sans malencontre.

Pour me conformer à vos désirs, je m'empresse de vous remettre, ci-joint, mon rapport sur votre semoir. Je crois n'avoir dit que la vérité; si j'ai mal jugé, je vous prie de me pardonner.

Vous verrez qu'au 3.me paragraphe, je dis : j'ensemençai immédiatement après la même étendue; (vous ne l'avez pas vu); je fis semer le même soir par les garçons au moment où nous dînions; je ne crois pas vous l'avoir dit : c'est la seule chose qui se soit passée à votre insu.

Je vous remercie, Monsieur, de toutes les choses honnêtes et obligeantes que contient votre lettre; je suis loin de les mériter; croyez bien que je ferai tout ce qui dépendra de moi pour donner toute la publicité possible à un action aussi philantropique que la vôtre ; elle mérite bien qu'on s'y intéresse; heureux, mille fois heureux, celui qui partagera vos sentimens! Chercher à être utile à sa patrie d'une manière aussi désintéressée, c'est aimer la vertu, c'est la mettre en pratique, c'est aussi engager tout homme de génie à suivre vos traces. Puisse une aussi belle action avoir tout le succès que j'en espère !

En attendant le plaisir de vous voir en Mars prochain, je suis avec la plus haute considération, Monsieur, votre très-humble et très-obéissant serviteur.

Signé Ch. GARIOT.

P. S. Vous remarquerez que je n'ai point fait la description de votre semoir, parce que je me réserve ce soin quand nous aurons vu fonctionner le sarcloir, ce qui fera le sujet d'un second rapport.

Rapport sur le semoir de M. Hugues, avocat à la Cour royale de Bordeaux, lu à la Société royale d'agriculture, histoire naturelle et arts utiles de Lyon, dans sa séance tenue le 7 Décembre 1832, par M. Charles Gariot, membre de ladite société.

Messieurs,

M. Hugues, ainsi que j'eus l'honneur d'en prévenir la Société, en convocant la commission des instrumens aratoires, se rendit chez moi, à Francheville, le 11 Novembre dernier. *Le mauvais temps qui se manifesta la veille, dura toute la nuit; et le lendemain, jour où devait se faire l'expérience, disposa mal les pièces de terre que j'avais préparées pour recevoir l'instrument de M. Hugues;* vous le sentîtes bien, Messieurs, puisque nous ne fûmes point honorés de votre présence.

Au moment où je désespérais de voir M. Hugues, et que je maudissais la circonstance malencontreuse qui empêchait cette réunion toute philantropique, M. Hugues arriva. M. Gueyrard, dont vous connaissez le zèle, l'avait déjà devancé, et le successeur de M. Georges, mécanicien, ne tarda pas aussi à paraître; plus, quelques cultivateurs du village.

Malgré le temps pluvieux, qui, comme vous le savez, Messieurs, est aussi contraire à de bonnes semailles qu'à la marche de tout outil agricole de ce genre, M. Hugues eut l'extrême obligeance *de faire fonctionner lui-même son semoir à* UNE PLUIE BATTANTE; et cela seulement, (puisqu'il ne pouvait mieux faire), pour nous donner une idée de la marche et du mécanisme de son instrument.

Néanmoins, en dépit de tout ce qui nous était contraire, il sema, sur une terre argilo-siliceuse avec cailloux, une petite sole, où, à côté, j'ensemençai immédiatement après la même étendue par la méthode ordinaire, c'est-à-dire, à la volée, afin de pouvoir comparer les produits, soit en grain, comme en paille.

Les progrès de la science, et la science elle-même telle qu'elle est aujourd'hui, *exigent que nous jugions sans prévention, comme sans enthousiasme. En conséquence, nous vous dirons, Messieurs, et telle est notre conviction, que de tous les semoirs connus jusqu'à ce jour, nous n'en avons point encore vus d'aussi simple, d'aussi solide, et en même temps d'aussi ingénieux. Tous les autres semoirs qui ont paru, ne sont, comparativement à celui de M. Hugues, que des joujoux d'enfans sujets à se détraquer.*

Cet instrument sème depuis la graine de trèfle jusqu'à la fève de marais. Deux hommes avec un cheval peuvent semer, à ce que nous a dit son inventeur, un hectare en trois heures : d'un seul trait, et en même temps, il trace sept raies, sème et recouvre le grain. *Ce qu'il y a de remarquable, c'est que sans rien changer, ajouter ni supprimer à l'instrument, il peut semer toute espèce de grain, clair ou épais.* Par le moyen d'un piston, l'instrument sème ou ne sème pas. En rétrogradant, le semoir ne laisse jamais échapper aucun grain.

Ce semoir peut être à la fois un instrument aratoire, comme un instrument d'horticulture : avec son brancard, il est outil aratoire, et sans brancard, il devient instrument d'horticulture. Dans ce dernier cas, une personne forte peut seule le faire aller comme une brouette ordinaire.

Cette machine agricole de M. Hugues, jointe à son sarcloir, est, si je ne me trompe, *dans le cas de faire une révolution en agriculture, de manière à faire revivre, en quelque sorte, le système de Tull; mais avec cette heureuse différence, mais avec cet avantage inappréciable, que la main-d'œuvre sera non-seulement diminuée de beaucoup, mais encore laissera le sol dans un état plus prospère; au lieu que, d'après Tull, et l'expérience l'a prouvé en France, les frais de culture absorbaient et quelquefois dépassaient le produit.*

Ces deux instrumens, si je puis m'exprimer ainsi, auraient le septuple avantage, célérité, épargne de semence, diminution de main-

d'œuvre, produit plus considérable en grain et en paille, grains d'un poids supérieur, terre moins éfritée après sa récolte, et engrais de plus en réserve.

M. Hugues nous a assuré qu'il reviendrait au mois de Mars prochain pour les semailles du printemps, et pour aussi faire fonctionner son sarcloir sur des terres ensemencées de céréales d'automne; je lui ai promis que pour cette époque, une terre serait tenue à sa disposition pour son semoir.

M. Hugues, plein de zèle et d'ardeur, amant passionné de l'agriculture, nous a dit qu'il pensait sacrifier un capital assez considérable pour faire mettre en pratique, dans toute la France, ses instrumens aratoires, et le genre de culture qu'ils nécessiteront; qu'il ne les livrera au public qu'autant qu'il sera quatre fois convaincu (ce sont ses propres expressions) qu'il y aura dans ce nouveau genre de culture les avantages dont nous avons parlé ci-dessus. Il veut que les agriculteurs qui lui ont été désignés pour être témoins de ses expériences, constatent par des rapports véridiques et bien circonstanciés les résultats de la culture exigée par ses instrumens.

PRÉFECTURE DE LA GIRONDE.

Extrait des délibérations du Conseil-général du département de la Gironde.

4.me Séance du 29 Janvier 1833.

M. le Président déclare la séance ouverte; et le secrétaire donne lecture au Conseil-général du procès-verbal de sa séance d'hier, dont la rédaction est approuvée.

Le Conseil entend un rapport de sa commission d'agriculture et de commerce, sur l'examen qui lui avait été renvoyé, du dossier remis par M. le Préfet, et qui concerne l'invention d'un nouveau semoir par M. Hugues, agriculteur distingué de ce département. Le rapporteur de la commission en fait l'éloge, déjà attesté par un grand nombre de procès-verbaux joints aux dossiers, desquels il résulte que tous les doutes que l'on aurait pu concevoir sur l'invention de M. Hugues, semblent dissipés, et que les deux instrumens qu'il a créés pourront amener dans l'agriculture une révolution qui contribuera encore à sa prospérité.

Le Conseil-général ordonne la mention honorable à son procès-verbal des instrumens de M. Hugues. Copie des procès-verbaux ci-dessus sera déposée dans les archives du département.

Pour extrait conforme :

Pour le Secrétaire-général,

Le Conseiller de Préfecture délégué,

H.le CUSON.

OBSERVATIONS.

J'ai annoncé que le semoir avait reçu des améliorations importantes depuis mon retour à Bordeaux.

On conçoit, en effet, que des expériences continuées pendant trois mois, sur un rayon de plus de 1,200 lieues, ont dû nécessairement être faites sur toute espèce de sol, avec les différentes préparations de terre usitées dans chaque localité, et sous les diverses influences que peut présenter l'atmosphère. La présence même d'un concours considérable d'agriculteurs éclairés, dont les remarques et les observations étaient soigneusement recueillies, tout a servi à me faire reconnaître quels étaient les changemens nécessaires à opérer pour que l'instrument pût satisfaire tous les besoins, surmonter toutes les difficultés : aussi mon premier soin, en rentrant à Bordeaux, a-t-il été de faire construire un nouvel instrument pour mon prochain voyage. Cet instrument offre les modifications suivantes :

1.° L'arrière-train, qui n'était élevé de terre que de cinq pouces, et qui par cela même *bourrait* dans les terres très-sales et très-humides, est maintenant à 10 pouces d'élévation. 2.° J'ai supprimé les chaînes à la Vaucanson, qui, quoique très-solides, pouvaient dans quelques circonstances offrir des inconvéniens. 3.° J'ai déplacé les deux roues en fer qui supportaient l'arrière-train de l'instrument, et qui passaient sur les lignes ensemencées ; dans leur nouvelle position, ces roues serviront de trace-sentier. 4.° J'ai placé les lignes, qui étaient de six pouces, à huit pouces d'écartement, pour faciliter l'action si importante des sarclages ou binages ; en sorte que l'instrument sème maintenant à 8, à 16, à 24, à 32, à 40 et à 48 pouces, à volonté. 5.° La largeur du semoir étant maintenant de 56 pouces au lieu de 42, fera nécessairement un tiers de plus d'ouvrage. Ainsi, au lieu de 3 hectares, il ensemencera désormais 4 hectares, ou 12 journaux bordelais par jour, et offrira de plus l'avantage, en disposant le champ à planches de 5 pieds, d'ensemencer chaque planche d'un seul trait, et d'obtenir par-là une régularité parfaite entre les lignes de chacune de ces planches. 6.° Enfin, une dernière, mais importante amélioration, consiste en ce que le semoir *fume maintenant à volonté tout ce qu'il sème*, et dans les proportions que l'on juge les plus convenables à la graine ensemencée. Ceci demande quelques explications.

Frappé des avantages que l'on retire dans les cantons où j'avais remarqué que la culture était la plus avancée, de la chaux, du plâtre, de la poudrette et du noir animal, je conçus la possibilité de composer un engrais qui, recélant sous un très-petit volume la plus grande masse possible de principes fertilisans, me faciliterait le moyen d'adapter au semoir un nouveau mécanisme qui distribuerait cet engrais dans chaque ligne ensemencée, à la quantité voulue pour chaque espèce de graine. Après quelques essais, je suis parvenu, sans rien changer à la construction ni à l'économie de l'instrument, à adapter sur son arrière-train, une trémie armée de son mécanisme, qui s'en détachant selon qu'on le désire, fait que l'instrument fume ou ne fume pas, à volonté. Arrivé à ce résultat, il a fallu faire des essais et composer pour cela un engrais qui réunît les conditions les plus avantageuses sous le rapport de son volume, de son efficacité comme engrais, de son bas prix et de sa fabrication. Voici comment j'y suis parvenu : J'ai fait découvrir la fosse d'aisance de ma ferme, contenant environ dix barriques de matière, et j'y ai fait jeter quatre barriques ou un mètre cube de chaux vive, que j'ai fait éteindre à la manière ordinaire, en faisant bien agiter le tout. Au bout de quatre jours, ce mélange était assez dur pour être enlevé à la pelle et placé sous un hangar aéré. Malgré l'humidité de la saison, il n'a fallu que huit jours pour obtenir, à l'aide d'un pilon en pierre, une complète pulvérisation ; j'ai ajouté à ce mélange toutes les cendres de bois que l'on a pu ramasser dans la ferme, et l'ensemble a été passé à un crible fin. J'ai obtenu ainsi 35 hectolitres de poudrette, pour ainsi dire inodore, que j'ai mêlée avec 10 hectolitres de plâtre neuf. Chaque hectolitre de cet engrais ne m'est revenu qu'à près de 2 fr. 50 c., en donnant même une valeur convenable aux matières de ma fosse d'aisance. Il est facile de se faire une idée de la violence d'un pareil engrais ; aussi ai-je eu la précaution de disposer le mécanisme qui le répand, de manière à fournir la poudrette plus ou moins épaisse, eu égard à l'espèce de la semence, à la nature du sol et à la saison. Les expériences que je viens d'en faire, m'indiquent que l'on peut employer cet engrais depuis demi jusqu'à un hectolitre par journal bordelais, qui est le tiers de l'hectare. Ainsi, la fumure d'un hectare reviendrait, terme moyen, à 5 fr. 67 c., ou 1 fr. 89 c. le journal.

Cet engrais, qui ne nécessitera ni frais de transport, ni frais pour être répandu et recouvert, offrira donc des avantages inappréciables ; d'autant mieux que le semoir ne le distribuant que sur les lignes ensemencées, où il vient se mêler à la graine échappée des trémies, avec laquelle il est aussitôt enfoui et recouvert, il n'y aura que les plantes des lignes qui profiteront de cet engrais, tandis que tout ce qui végétera entre les lignes en sera privé ; d'où résultera infailliblement moins de développement dans les herbes parasites, tandis que les plantes des lignes prenant bientôt le dessus par une forte végétation, les étoufferont, ou du moins les empêcheront de prendre leur croissance ordinaire, ce qui rendra les sarclages ou binages beaucoup plus faciles et moins coûteux. Loin de moi, cependant, la pensée que ce nouvel engrais puisse en rien dispenser de l'emploi des fumiers ordinaires, qui seront tout aussi précieux que par le passé. Je prétends seulement que la masse des engrais étant partout insuffisante, quelque soin que l'on prenne pour l'augmenter, chaque ferme aura par-là le moyen de multiplier à peu de frais ses engrais, et de se procurer des récoltes plus belles et plus abondantes. D'un autre côté, on trouvera un emploi utile de résidus, dont ordinairement on ne retire aucun avantage dans les fermes ; et voici à cet égard les moyens que j'ai cru devoir employer pour me les procurer : J'ai fait cercler en fer une vieille futaille, dont la bonde a été agrandie de manière à pouvoir y introduire le bout d'un tuyau tenant à une cuvette ordinaire de fosse d'aisance. Cette futaille, placée dans un réduit, et recouverte d'un siége qui s'enlève à volonté, me donne la facilité, lorsqu'elle est pleine, de la faire rouler, après qu'elle a été bien bouchée, jusqu'à un réservoir qui reçoit la matière, qui est aussitôt après solidifiée, à l'aide de la chaux ou du plâtre (1) : après quoi, la futaille ou tonneau est replacé pour servir de nouveau de fosse d'aisance, et l'on opère ensuite comme il a été dit plus haut ; par ce moyen, on épargne les frais de construction des

(1) Le cultivateur qui ne serait pas en position de se procurer l'un de ces deux absorbans, pourrait même les remplacer par un bon terreau bien sec et des cendres.

fosses d'aisance, de même que ceux de vidanges; et l'on retire, en outre, un avantage précieux d'une matière jusqu'ici incommode, et dont on ne croyait jamais pouvoir assez tôt se débarrasser.

Il faut maintenant que je rappelle deux objections qui ont été faites dans les rapports, objections qu'il m'importe de ne pas laisser sans réponse, parce qu'elles tendraient à donner à mon entreprise une couleur qui me répugne, et que j'ai tout fait pour lui ôter.

Le semoir et le sarcloir, a-t-on dit, seront trop chers.

M. Hugues, au lieu d'attendre, pour livrer ses instrumens à l'agriculture, d'avoir réuni un nombre considérable de souscripteurs, aurait dû en faire confectionner sans retard, pour satisfaire aux demandes des plus riches et des plus avantureux.

Telles sont ces objections : des faits vont y répondre.

Lorsqu'après trois ans d'expérience, je me fus convaincu que le hasard m'avait fait découvrir deux instrumens utiles, je fus, je l'avoue, tout fier, en pensant qu'il ne dépendait que de moi d'en doter mon pays, et d'attacher mon nom à une entreprise uniquement conçue dans l'intérêt de l'agriculture. Cette idée me remua profondément; et dès-lors se combina dans ma tête le plan que je crus le plus propre à me faire arriver au but que je brûlais d'atteindre.

Je pressentis d'abord toutes les difficultés qui s'opposeraient à l'exécution de mes projets; j'avais à combattre une routine aussi vieille que le monde, à dissiper des préjugés fortement enracinés, à parler à des agriculteurs, de nouvelle invention, de méthode nouvelle, après tant d'échecs et de déceptions en ce genre. A de pareils obstacles, il fallait un énergique remède, il fallait même que le moyen employé fût nouveau, original, pour ainsi dire, afin de piquer au vif la curiosité publique, et de forcer le grand nombre des agriculteurs à sortir pour un moment de son apathie ordinaire.

C'est dans ce but que le plan de mes voyages agronomiques a été conçu et exécuté; et que j'ai créé, en outre, un privilége en faveur du premier souscripteur de chaque commune de France, *inscrit avant le mois de Septembre* 1833 (1), qui recevra mes deux instrumens *gratis*, si, au moment où je les lui livrerai, sa commune compte déjà six souscripteurs, lui non compris; ou qui sera intégralement remboursé par moi du prix qu'il m'aura payé, si, dans les deux ans qui suivront la livraison des instrumens, sa commune complète le nombre des six autres souscripteurs exigés pour l'existence du privilége.

Ainsi, d'un côté, parler aux yeux, à l'aide de mes voyages; faire toucher, pour ainsi dire, des faits matériels aux plus incrédules; jalonner la France par des expériences dont personne ne pourrait suspecter la bonne foi; prouver, enfin, d'un autre côté, que l'amour du bien du pays n'était pas un mot vide de sens : tel était l'unique moyen d'éveiller de nobles sympathies, surtout parmi les Français.

Un autre obstacle se présentait : mes instrumens, quoique très-simples dans leur ensemble, se composent cependant dans leur détail, de pièces

---

(1) J'ai dû fixer ce délai fatal, après lequel il n'y aura plus de privilége, par deux raisons : l'une, d'intérêt général, et l'autre, dans le mien propre. Il fallait, en effet, réunir pour la première livraison le plus de souscripteurs possible, afin de pouvoir obtenir plus d'économie dans la fabrication, et livrer à meilleur marché; il fallait ensuite ne pas laisser exister indéfiniment un privilége aussi onéreux pour moi.

nombreuses qui exigent dans leur exécution une grande perfection de travail ; il était dès-lors à craindre que mes instrumens ne pussent être livrés à un prix assez modéré pour que le commun des cultivateurs pût en faire usage. Il fallait donc, à cet égard encore, trouver le moyen d'en faire jouir l'agriculture au plus bas prix possible, tout en obtenant une grande solidité et une exécution parfaite (1). Livrer la fabrication au commerce, c'était évidemment manquer ce double but, par la raison que le fabricant spéculateur aurait exigé, à juste titre, un bénéfice proportionné à l'importance de l'ouvrage et des capitaux avancés ; que dès-lors, les instrumens auraient coûté un prix énorme ; que, d'un autre côté, si le commerce, pour en débiter davantage, se fût déterminé à baisser le prix, ce n'aurait été infailliblement qu'au détriment de la solidité, de la perfection du travail et de la bonté des matériaux, trois conditions sans lesquelles l'instrument n'offrirait plus que perte et déception.

Pour obvier à tous ces inconvéniens, il n'y avait qu'un parti à prendre, celui de me décider à consacrer quelques années à surveiller moi-même la fabrication de mes instrumens, afin de les offrir solides, parfaits dans leur exécution, et au prix qu'ils me reviendraient à moi-même à la première livraison, en dirigeant tous mes efforts à trouver, dans une confection en grand, des économies telles qu'il me fût possible de les livrer à la moitié du prix auquel ils reviendraient hors de l'établissement, tout en me procurant d'abord de quoi faire face aux obligations prises envers les souscripteurs originaires, et *plus tard* (les économies allant toujours croissant dans une aussi vaste entreprise) : en premier lieu, le remboursement des capitaux que j'aurais consacrés à l'établissement de ma méthode ; et en second lieu, un dédommagement raisonnable du temps que j'y aurais employé; car, père de famille, je ne dois pas dissiper mon patrimoine et ruiner mes enfans pour faire les affaires des autres.

Il a donc fallu, dans mon système, tant dans l'intérêt général que dans le mien en particulier, obtenir, à l'aide d'un brevet, la fabrication exclusive, pendant un certain temps ; ce qui a été fait ; et me procurer en outre un nombre de souscripteurs assez considérable pour pouvoir trouver, dans une fabrication en grand, toutes les économies que procure ce mode d'opérer, et sans lequel il me serait impossible d'exécuter mon plan ; car *je déclare ici* que si je ne puis livrer pour 400 ou 425 fr. au plus, le semoir et le sar-

---

(1) Le premier instrument que j'ai fait faire pour mon service, m'est revenu à 605 fr., et beaucoup de pièces qui sont maintenant en métal, étaient en bois. Après de notables perfectionnemens dans la fabrication, le même instrument, avec toutes les pièces en métal, ne m'est revenu qu'à 542 fr. 65 c. ; tel était celui qui m'a servi dans mon dernier voyage ; celui que je viens de faire confectionner pour mon prochain départ, quoique d'une plus grande dimension, et amélioré sous bien de rapports, ne m'aurait pas coûté plus de 520 fr. avec le sarcloir, si je ne l'avais augmenté du mécanisme à répandre l'engrais, qui m'est revenu à 47 fr. Ainsi, les instrumens qui m'accompagneront dans mon prochain voyage m'auront coûté 567 fr. 25 c., et encore faut-il observer que mes ouvriers seuls ont pu les confectionner à ce prix, et qu'ils me fussent revenus à plus de 800 fr., s'ils eussent été faits par des ouvriers moins habiles, et faisant cet ouvrage pour la première fois. Chacun, au reste, pourra se convaincre par lui-même de l'exactitude de ce que j'avance, en examinant chaque pièce en particulier, et pourra juger s'il lui aurait été possible de faire confectionner mes instrumens par ses propres ouvriers, pour ce qu'ils viennent de me coûter.

cloir qui viennent de me coûter 567 fr. 25 c., je renoncerai à toute fabrication, quelques offres que l'on vînt à me faire, persuadé qu'au-dessus de ce prix, il me serait impossible de nationaliser ma nouvelle méthode de culture.

Je ne me dissimule même pas que ce prix est encore trop élevé, et qu'il serait à désirer que le nombre des souscripteurs me mît à même de les livrer à meilleur marché. Cependant, si l'on considère que je livrerai à 425 fr., ou au-dessous, deux instrumens qui vaudraient au moins 600 fr., et que celui qui voudrait les faire exécuter lui-même n'en serait pas quitte pour 800 fr.; si l'on considère ensuite que mes deux instrumens, au prix que je les livrerai, seront infailliblement gagnés, dès la première année, par l'économie qu'ils procureront, quelle que soit la ferme où ils seront employés, certes on sera forcé de reconnaître qu'il est peu d'instrumens qui puissent offrir de pareils avantages (1).

Voilà ce que j'avais à répondre aux deux objections qui ont été faites dans les rapports. Quant au reproche que l'on semblait me faire, et que l'on m'adresse encore dans les lettres que je reçois, de différer la livraison de mes instrumens, il se trouve détruit par l'exposé de mon système, développé dans ma Circulaire publiée avant mon voyage, où je disais que je ne me *déciderais* à livrer mes instrumens qu'autant qu'ils seraient jugés utiles par tous les agronomes que je visiterais dans mes voyages, mon en-

(1) Prenons pour terme de comparaison une ferme où on n'ensemence que 10 hectares de céréales, et voyons, d'après les rapports, quelle sera l'économie qu'y apportera l'emploi du semoir et du sarcloir.

SEMOIR ET SARCLOIR.			MÉTHODE ORDINAIRE.		
Semence de 10 hectares, 5 hectolit., terme moyen, d'après les rapports, à 20 fr. l'hectolitre........................	100f	"c	Semence de 10 hectares, terme moyen, d'après les rapports, 15 hectolitres, à 20 fr..................................	300f	"c
Frais d'ensemencement des 10 hectares, 2 journées 1/2 (le semoir sème maintenant 4 hectares par jour) d'un cheval, d'un homme et d'un enfant ou une femme, le cheval à 2 fr. 50 c., l'homme à 1 fr. 25 c., et l'enfant ou la femme à 75 c.....	11	25	Frais d'ensemencement et hersage des 10 hect., terme moyen, toujours d'après les rapports............................	30	"
Sarclage des 10 hectares.— Le sarcloir faisant au moins demi-hectare par jour, il faudra 20 journées, qui, à 1 fr. 25 c., font........................	25	"	Sarclages à la main. — Les rapports constatent que le sarclage d'un hectare coûte au moins 24 fr. ou 8 fr. le journal bordelais (je n'ai jamais pu le faire faire à ce prix)..........	240	"
TOTAL.........	136f	25c	TOTAL..........	570f	"c

Le semoir et le sarcloir procureront donc, *dès les six premiers mois de leur achat, une économie de 433 fr. 75 c. sur les céréales seulement*, lorsqu'ils n'auront coûté au plus que 425 fr. Que serait-ce donc si on voulait faire entrer en ligne de compte toutes les économies obtenues, à l'aide de mes instrumens, sur les autres semences de la ferme, et surtout sur celles qui veulent être en lignes, telles que le colza, l'œillette, la betterave, la carotte, les pois, la luzerne, les haricots, le chanvre, etc.? Ici l'économie serait décuple, surtout avec la possibilité de répandre l'engrais en même temps que les grains, à raison de 5 fr. 67 c. l'hectare.

treprise n'ayant d'autre but que l'amélioration de l'agriculture, et non une spéculation privée.

Maintenant qu'il n'est plus douteux que mes instrumens seront utiles, qu'il est constant pour toute la France, comme pour moi-même, que des avantages réels, incontestables, sont attachés à leur propagation, non-seulement je n'hésite plus à les livrer, mais je considère même comme un devoir de faire tout ce qui dépendra de moi pour en faire jouir le pays dans le plus bref délai : aussi mes mesures sont-elles prises, afin de réunir le plus grand nombre de souscripteurs, dans le but de livrer mes instrumens au plus bas prix que je pourrai, prix qui, dans tous les cas, ne dépassera pas 425 fr.; car, je le répète, il n'en sera pas livré un seul, s'ils doivent coûter davantage.

J'engage en conséquence les agriculteurs qui ont été présens à mes expériences, et qui ont pu se convaincre de l'utilité de ma nouvelle méthode de culture, à donner tous leurs soins, dans leur propre intérêt, à ce qu'il y ait le plus grand nombre de souscripteurs possible.

Voici, au surplus, le parti que je prends pour faciliter les souscriptions :

Chaque agronome que je dois visiter dans mon prochain voyage (voir mon itinéraire ci-après), reçoit dors et déjà de moi la mission de recueillir les souscriptions, qui me seront transmises au commencement de Juin, époque de mon retour à Bordeaux. M. Loste, notaire à Bordeaux, demeure également chargé par moi de recevoir les souscriptions en son étude, rue Piliers des Tutelles, n.° 1 (1).

Il sera bien essentiel pour tous les souscripteurs de faire constater, en s'inscrivant, la date et le jour de leur souscription, en désignant également la commune, le canton, l'arrondissement et le département où se trouve située leur exploitation agricole, pour parvenir, s'il y a lieu, à l'exercice du privilége que j'ai créé *jusqu'au* 1.er *Septembre* 1833, en faveur du premier souscripteur de chaque commune de France, qui recevra la qualification de *souscripteur originaire*, privilége qui consistera pour celui qui, le premier, aura introduit mes instrumens dans sa commune, à être intégralement remboursé par moi du prix qu'il m'aura payé, si, dans les deux ans à partir de l'époque où les instrumens lui auront été livrés, *six autres* de mes semoirs sont en activité dans sa commune. Il est bien entendu que si, au moment où il recevra mes instrumens, sa commune compte déjà six souscripteurs, lui non compris, le souscripteur originaire recevra le semoir et le sarcloir *gratis*, et qu'il n'aura à payer que les frais du transport. Dans le cas où le souscripteur originaire, après avoir payé ses instrumens, aurait à s'en faire rembourser par moi, alors ce sera le septième souscripteur qui, au lieu de payer son prix à l'établissement, le versera entre les mains du souscripteur originaire, qui se trouvera par-là entièrement remboursé de ce qu'il aura payé, et cela sans frais et sans retard.

Les souscripteurs ne payeront le prix des deux instrumens qu'à la livraison (2).

---

(1) Les lettres doivent être affranchies.

(2) J'engage tous ceux qui s'intéressent aux progrès de l'agriculture, à donner tous leurs soins à la plus grande publication possible des rapports, des observations qui les suivent, ainsi que de mon itinéraire. Il importerait surtout d'engager les journaux des départemens à les publier ou à en offrir un résumé, capable d'en faire apprécier l'importance.

ITINÉRAIRE.

Ayant donné une grande extension à mon itinéraire, et ne pouvant voyager que sur les lignes de poste, j'engage les agronomes que je dois visiter, à faire en sorte que le champ d'expérience soit situé de manière à m'occasionner le moins de retard possible; afin que je puisse être toujours exact, à moins d'accident, au jour et à l'heure fixés dans mon itinéraire, que j'ai arrêté d'une manière invariable, dans le but de faciliter aux agronomes des départemens voisins de ceux que je visiterai, le moyen de pouvoir être présens à mes expériences.

Quant à la préparation du sol, il conviendrait de le disposer à planches de cinq pieds ou de dix pieds de largeur, qui seront ensemencées avec toutes les graines ou semences que l'on me présentera. Il conviendrait également, pour la manœuvre du sarcloir, que chaque agronome que je dois visiter semât maintenant *quelques lignes* d'orge et d'avoine, sur lesquelles le sarcloir *opérerait lors de mon passage*.

Je crois devoir rappeler qu'un cheval de trait est nécessaire pour le semoir.

DÉPARTEMENS.	LIEU de L'EXPÉRIENCE.	JOURS.	DATE.	MOIS.	HEURE.	NOMS DES AGRONOMES visités.
						MESSIEURS :
Gironde........	Bazas..........	Jeudi.......	14	Mars..	2 h. ap. m.	Bayle.
Lot et Garonne.	Marmande....	Vendredi...	15	*idem.*	2 h. ap. m.	Boussion.
idem..........	Agen...........	Samedi.....	16	*idem.*	2 h. ap. m.	Bartayrès.
Gers............	Auch...........	Dimanche..	17	*idem.*	2 h. ap. m.	Palissard.
Haute-Garonne.	Toulouse......	Mardi.......	19	*idem.*	Midi.........	Lacroix fils.
idem..........	Auvernet par Auterive....	Mercredi...	20	*idem.*	10 h. du m.	Le Blanc.
Aude	Carcassonne..	Jeudi........	21	*idem.*	3 h. ap. m.	(1)
idem..........	Narbonne.....	Vendredi...	22	*idem.*	2 h. ap. m.	Lagarrigue.
Hérault.........	Béziers.........	Samedi.....	23	*idem.*	10 h. du m.	De Frégoze.
idem..........	Montpellier...	Dimanche..	24	*idem.*	3 h. ap. m.	
Gard	Nîmes..........	Lundi.......	25	*idem.*	Midi.........	Baron de Montferré.
Bouches du Rh.	Tarascon......	Mardi.......	26	*idem.*	Midi.........	Audibert frères.
idem..........	Aix.............	Mercredi...	27	*idem.*	2 h. ap. m.	
idem..........	Marseille......	Jeudi........	28	*idem.*	Midi.........	
Vaucluse........	Pertuis.........	Vendredi...	29	*idem.*	1 h. ap. m.	Morel.
Basses-Alpes...	Manosque.....	Samedi.....	30	*idem.*	Midi.........	Méru.
idem..........	Paillerols par Sisteron....	Dimanche..	31	*idem.*	Midi.........	Raibaud l'Ange.
Hautes-Alpes...	Vivas...........	Lundi.......	1.er	Avril..	Midi.........	Comte de Vitrolles
idem..........	Gap.............	Mardi.......	2	*idem.*	10 h. du m.	Le Préfet.
Isère............	Lamure........	Mercredi...	3	*idem.*	2 h. ap. m.	Pellissier.
idem..........	Grenoble......	Jeudi........	4	*idem.*	Midi.........	Bernard, conseiller.
idem..........	Montferrat....	Vendredi...	5	*idem.*	2 h. ap. m.	De Bruno.
idem..........	St-Laurent de Mure........	Samedi.....	6	*idem.*	2 h. ap. m.	Roibet.
Rhône...........	Lyon............	Lundi.......	8	*idem.*	Midi.........	Charles Gariot.
Ain	Bourg..........	Mardi.......	9	*idem.*	3 h. ap. m.	Puvis.

(1) Un champ d'expérience ne m'ayant pas été offert à Carcassonne, je ne pourrai m'y arrêter, à moins qu'une réunion d'agriculteurs n'en fasse préparer un d'ici à l'époque de mon passage, et ne m'en fasse prévenir à la poste aux chevaux. Il en sera de même pour toutes les villes où on ne verra pas d'agronome désigné sur l'itinéraire.

DÉPARTEMENS.	LIEU de L'EXPÉRIENCE.	JOURS.	DATE.	MOIS.	HEURE.	NOMS DES AGRONOMES visités.
						MESSIEURS :
Jura...........	Lons-le-Saulnier.........	Mercredi...	10	Avril..	2 h. ap. m.	
idem........	Salins.........	Jeudi.......	11	*idem.*	10 h. du m.	Ranon de Guiseuil et Labauve de Lille.
Doùbs............	Busy...........	Vendredi...	12	*idem.*	10 h. du m.	Jacques Martin.
idem..........	Besançon......	Vendredi...	12	*idem.*	5 h. du soir.	
Côte d'Or........	Dijon.........	Samedi.....	13	*idem.*	4 h. ap. m.	
idem..........	Châtillon sur Seine........	Dimanche..	14	*idem.*	3 h. ap. m.	Bobin.
Aube..............	Troyes.........	Lundi.......	15	*idem.*	2 h. ap. m.	Denois.
idem..........	Bar sur Aube.	Mardi.......	16	*idem.*	Midi.........	Chev. de Fontenay.
Haute-Marne...	Chaumont....	Mercredi...	17	*idem.*	10 h. du m.	
idem..........	Bourbonne les Bains.......	Mercredi...	17	*idem.*	4 h. ap. m.	Laherard.
Vosges...........	Neufchâteau..	Jeudi........	18	*idem.*	2 h. ap. m.	Muel et Lequin.
Meurthe.........	Vandeléville, p.Colombey.	Vendredi...	19	*idem.*	2 h. ap. m.	Olry.
idem..........	Nancy.........	Samedi.....	20	*idem.*	2 h. ap. m.	B. F. Viguié.
idem..........	Toul..........	Dimanche..	21	*idem.*	2 h. ap. m.	Liouville.
Meuse...........	Ligny..........	Lundi.......	22	*idem.*	Midi.........	Lesemelier, juge de p.
Marne...........	Châlons.......	Mardi.......	23	*idem.*	4 h. ap. m.	
idem..........	Orbeval.......	Mercredi...	24	*idem.*	10 h. du m.	Godard, maire à Voilemont.
Ardennes........	Mézières.......	Vendredi...	26	*idem.*	10 h. du m.	Akerman, recev. gén.
idem..........	Givet..........	Samedi.....	27	*idem.*	2 h. ap. m.	Jolis, juge de paix.
Belgique.........	Dinant.........	Dimanche..	28	*idem.*	10 h. du m.	Simonin de Sire.
Pas de Calais...	Arras..........	Mardi......	30	*idem.*	10 h. du m.	Crespel Delisse.
Aisne............	Laon...........	Jeudi.......	2	Mai...	10 h. du m.	Général B^on. Galbois.
idem..........	Soissons.......	Vendredi...	3	*idem.*	Midi.........	Geslin.
Somme..........	Amiens........	Dimanche..	5	*idem.*	10 h. du m.	De Rainneville.
Seine inférieure.	Blangy.........	Mardi......	7	*idem.*	10 h. du m.	Desjobert.
Oise.............	Breteuil........	Mercredi...	8	*idem.*	4 h. ap. m.	Bazin.
idem..........	Méru...........	Jeudi.......	9	*idem.*	Midi.........	Daudin.
Seine et Marne..	Aigrenay.....	Samedi.....	11	*idem.*	Midi.........	Dutfoy.
Seine............	Vitry...........	Dimanche..	12	*idem.*	Midi.........	Comte Dubois.
Seine et Oise....	Aux Bergeries de Sénart...	Lundi.......	13	*idem.*	Midi.........	Camille Beauvais.
idem..........	Trappe.........	Mardi.......	14	*idem.*	Midi.........	Dailly.
idem..........	Grignon.......	Jeudi.......	15	*idem.*	Midi.........	Bella.
Eure et Loir....	Maillebois.....	Lundi.......	20	*idem*	4 h. ap. m.	Vic.^te de la Maleissye.
idem..........	Nogent........	Mardi.......	21	*idem.*	Midi.........	Comte de Bussy.
Sarthe...........	Mans...........	Jeudi.......	23	*idem.*	Midi.........	Mauboussin.
Indre et Loire..	St.-Antoine...	Samedi.....	25	*idem.*	4 h. ap. m.	Aubry.
idem..........	Tours..........	Dimanche..	26	*idem.*	Midi.........	Le Préfet.
Vienne...........	Poitiers........	Lundi.......	27	*idem.*	4 h. ap. m.	Le Préfet.
idem..........	Couhé.........	Mardi.......	28	*idem.*	Midi.........	Hastron.
Charente........	Angoulême...	Jeudi........	30	*idem.*	Midi.........	Le Préfet.

www.ingramcontent.com/pod-product-compliance
Lightning Source LLC
LaVergne TN
LVHW050431160826
845677LV00002BA/650

* 9 7 8 2 3 2 9 6 8 4 4 0 6 *